L'VSAGE
ET PRATIQVE
DES GLOBES

Par D. H. P. E. M.

A PARIS,

M. DC. XXI.

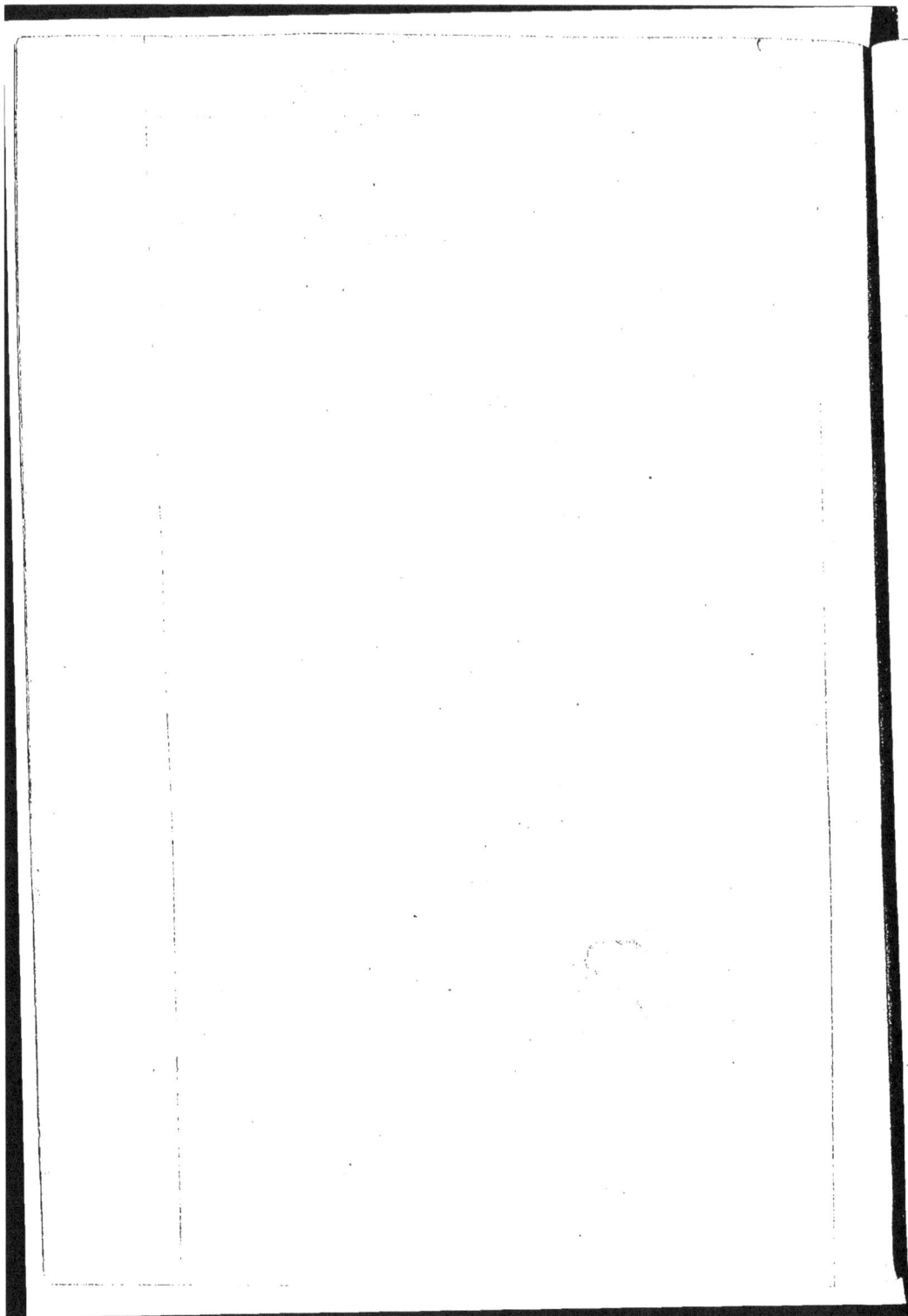

A MONSIEVR
MONSIEVR CLAPISSON,
CONSEILLER DV ROY EN LA
PREVOSTE', VICOMTE', ET SIEGE
Prefidial du Chaftellet de Paris.

IL y a quelque temps qu'ayant defcouuert que ce petit traicté de l'vfage des Globes, lequel i'ay conceu eftant chez vous, vouloit prendre naiffance à mon defceu, ie couru au-deuant afin de l'en empefcher, le iugeant indigne de la lumiere, au refpect de plufieurs autres traictez de mefme fujet, & principalement de ceftuy-là composé par Robert Huez, que i'ay cy-deuant traduict de Latin en noftre langage François : mais voyant que plufieurs en auoient defia des exemplaires, & que mal-aifément i'en pourrois empefcher le cours ; ie me fuis refolu de le laiffer aller au iour. Et puis que c'eft chez vous, MONSIEVR, que ie fis le project & premier deffein de ce tractié pour mon particulier feulement, qui puis apres a efté reduit en cefte forme pour auffi feruir à d'autres ; I'ay creu eftre de mon deuoir le vous prefenter, à cela me conuiant encore plufieurs obligations que ie vous ay, lefquelles ie ne puis payer qu'en papier, iufques à ce que le tout-Puiffant faffe naiftre quelque meilleure occafion, en laquelle ie vous puiffe monftrer par effect que ie fuis,

MONSIEVR,

Voftre tres-humble & affectionné Seruiteur,

D. HENRION.

A

LECONS SVR L'VSAGE

DES GLOBES.

E tous les inftrumens Mathematiques, il n'y en a point de plus cogneuz que les Globes : Ils ont efté fabriquez de forme ronde & Spherique, à la fimilitude du ciel & de la terre, afin qu'en l'vn les aftres & conftellations Celeftes puiffent eftre figurées & reprefentées felon leur proportion, grandeur & diftance; & en l'autre, toute la terre auec la mer entremeflée, & les diuerfes regions & contrées du monde. Et pour bien entendre ce qui eft de leur vfage, il faut notter qu'en l'vn & l'autre d'iceux font marquez certains cercles de la Sphere, & autres chofes que nous declarerons fuccintement, & puis apres nous viendrons à l'vfage de l'vn & l'autre Globe.

Premierement chafque Globe a fa bafe & fouftien, fur quoy font dreffées à plomb quatre colomnes ou petits pilliers d'egales hauteurs, fur lefquels eft pofé à niueau vn cicle annulaire parallel à ladite bafe, qu'on appelle horifon; lequel eft de telle largeur, que fur la fuperficie d'iceluy font ordinairement marquez les douze fignes du zodiaque auec leurs degrez; comme auffi le Calendrier Romain diftingué felon l'ordinaire, c'eft à dire és 12 mois & iours de l'an, auec les lettres feriales de chafque fepmaine : Sont auffi marquez fur ledit horifon les trente-deux vents que les pilottes obferuent auiourd'huy en leurs nauigations, & par lefquels ils ont de couftume remarquer les endroicts, tant du ciel que des regions de la terre.

Apres faut confiderer qu'à cet horifon il y a deux fentes ou cranures directemēt oppofez, qui tiennent vn cercle d'airain à droicts angles, en forte qu'on le peut hauffer & baiffer à volonté, & felon qu'il en eft de befoin. Ce cercle, qu'on appelle Meridien, eft diuifé en quatre quarts, & chacun d'iceux en 90 degrez: tellement qu'il y a en tout iceluy cercle 360 degrez, particulierement marquez & distinguez d'vn à vn.

Par deux poincts opposez de ce cercle Meridien passe vn fil de fer, qui trauerse le Globe par le milieu, & sur lequel se meut iceluy Globe : Il s'appelle axe ou essieu du monde ; & les deux bouts d'iceluy axe en sont les poles, dont l'vn est appellé le pole Artique, & l'autre le pole Antartique.

A l'vn ou l'autre bout de l'axe s'adjoinct vn petit cercle d'airain diuisé en 24 parties egales, qui sont pour monstrer les 24 heures du iour, c'est pourquoy il est nommé cercle horaire : & sur iceluy cercle est aussi vn petit stile ou index, tellement disposé à l'extremité de l'axe, qui passe par le centre dudit cercle horaire, que le Globe faisant son tour, iceluy stile adhere tousiours à l'axe.

Or toutes ces choses sont hors de la superficie du Globe, en laquelle sont aussi marquées plusieurs autres choses : car au milieu d'icelle superficie est marqué l'equateur, egalemēt distant des deux poles du monde. Il y a aussi l'ecliptique qui entrecouppe obliquement ledit equateur aux premiers poincts de ♈ & de ♎, chacun d'iceux cercles estant diuisé en 360 degrez.

De part & d'autre de l'equateur, & à 23 degrez & demy d'iceluy, sont aussi marquez les tropiques de Cancer & de Capricorne : comme encore les cercles Artiques & Antartiques, distans dudit equateur par 66 degrez & demy.

Or les quatre susdits cercles mineurs diuisent toute la superficie en cinq parties, qu'on appelle communement zones, desquelles celle comprise & limitée par les deux tropiques, est vulgairemēt nommée zone torride ou bruslée, à raison que les anciens Geographes estimoient ceste partie du Globe terrestre inhabitable pour la trop grande & continuelle ardeur du Soleil : Mais celles comprises & encloses dedans les cercles polaires sont appellées zones Frigides, à raison du grand froid qui y est continuellement, pour ne pouuoir receuoir les rayons du Soleil que fort obliquement. Et quant aux deux autres zones, dont l'vne est comprise entre le tropique de Cancer, & le cercle Artique ; & l'autre entre le tropique de Capricorne, & le cercle Antartique : elles sont nommées zones temperées, à raison qu'elles sont situées entre la torride & les frigides, & par consequent participent à la chaleur de celle-là, & à la froidure de celles-cy.

A ij

Or voilà quant à ce qui concerne les choses communes à l'vn &
l'autre Globe : mais maintenant declarons ce qui est de particulier
à chacun, & premierement au terrestre.

Les choses propres & particulierement marquées en la superficie du Globe terrestre.

LEs Cosmographes ayant marqué sur la superficie de chaque
Globe les choses cy-dessus specifiées, ils marquent en l'vn les
figures & images des asterismes & constellations celestes; & en l'autre les principales parties du monde, tant terrestre qu'aquatique;
& d'icelles nous ferons icy vne succinte & briefve declaration.

Est donc à remarquer que par la partie aquatique, les Geographes entendent la mer, les fleuues, les lacs, estangs, & autres choses
semblables ; & par la terrestre, tout ce qui manque & defaut à ceste partie aquatique, pour la perfection & accomplissement du Globe de la terre.

Il faut puis apres considerer la distinction & repartiment de
toute la terre, laquelle est assez diuerse : Car les plus anciens Geographes diuiserent seulement la portion du monde qu'ils sçauoiēt
estre habitable en deux principales parties, c'est assauoir Europe
& Asie : mais au temps de Ptolomée, icelle portion de la terre cogneuë fut distinguée en trois, adjoustant aux deux precedentes
parties celle ordinairement nommée Afrique, & quelquesfois Libye. Le contenu de toutes ces trois parties est ce qu'on appelle
maintenant terre Ptolomaïque, & aussi le vieil monde, à la difference du nouueau monde, qui depuis 100 ans a esté descouuert, lequel
on appelle encore Amerique, qui faict selon aucuns la quatriesme
partie du monde, à laquelle ils en adjoustent vne cinquiesme, sçauoir est la terre Australe : tellemēt que selon ceux-cy, tout le monde est diuisé en cinq parties principales, & selon d'autres qui subdi-
uisent l'Amerique en deux parts, il sera distingué en six principales
parties : mais Maginus distingue toute la face & superficie du Globe terrestre en sept parties, tant cogneuës qu'incogneuës, les trois
premieres desquelles sont Europe, Afrique, & Asie : mais la quatriesme est l'Amerique Septentrionale, nommée Mexique, la cinquiesme l'Amerique Australe, ditte Peruanne ; la sixiesme est ce

qu'on appelle terre ou continent Auſtral, & la ſeptieſme eſt ceſte partie-là qui eſt enuiron le pole Boreal.

Quant à la mer, elle a auſſi eſté diſtinguée en deux principales parties, qu'on appelle Ocean & mer Mediterranée. L'Ocean eſt la grande mer, laquelle eſt ainſi nommée à raiſon de ſon ſubit & continuel mouuement, ou bien à cauſe qu'elle ceint & enuironne toute la terre; & trenchant pluſieurs coſtes de diuerſes regions & prouinces, par pluſieurs ſinueux & recourbez deſtours change de nom, prenant celuy des lieux qu'elle aborde & coſtoye: tellement qu'en vn lieu on l'appelle mer Septentrionale & glacée; en vn autre Ocean d'Eucaledonien, & Occidental: puis mer Germanique, Britanique & Françoiſe; comme auſſi mer Atlantique, d'Eſpagne, de Barbarie, & Libyenne: puis Ocean Ethiopique, mer Auſtrale, Indique & Arabique: Ailleurs on l'appelle Archipelague de ſainct Lazare, mer Orientale, Chinoiſe & Serique; puis apres mer Scitique, & Tartareſque: Tous leſquels noms & infinis autres, on attribuë à ladite mer Oceane, qui circuit & enuironne le vieil monde. Et quant au nouueau il y a peu de diuerſitez: car tout ce qui eſt de mer depuis l'equateur iuſques au pole Artique s'appelle mer del Nord, & tout ce qui eſt au delà dudit equateur, en tirant au pole Antartique, eſt nommé mer del Sud, ou mer pacifique.

Pour le regard de la mer Mediterranée, elle eſt ainſi nommée à raiſon qu'elle s'eſtend par le milieu de la terre d'Occident en Orient; & icelle, auſſi bien que l'Ocean, prend diuers noms ſelon la diuerſité des pays qu'elle voiſine & coſtoye: tellement qu'en des lieux elle eſt nommée mer Iberique, Balearique; en d'autres elle eſt ditte Gallique, & Liguſtique: ailleurs elle eſt appellée mer Tyrrheniene, Adriatique, de Candie, de Rhodes & de Cypre. Il y a encore la mer Egée, ou Archipelague; le Propontide, ou Heleſpont, qui eſt auſſi ditte Mar di Marmora: il y a puis apres le Pont ou mer Euxine, qu'on appelle vulgairement Mar Majore: icelle eſt ſuiuie par le Palus Meotide, vulgairement appellé Mar delle Sabache: Il y a finalement la mer Caſpie, ou Hyrcanienne, qu'aucuns nomment auſſi mer de Sala, & autres de Bachu: icelle n'eſt pas viſiblement ioincte à autre mer; mais il eſt vray ſemblable qu'elle s'y ioinct par quelques conduits ſouſterrains, veu qu'eſtant aſſez petite, & grand nombre de fort groſſes riuieres s'y rendans de toutes parts, on

A iij

n'apperçoit point qu'elle croiſſe.

Et d'autant que la ſuperficie de l'vne & l'autre partie du monde n'eſt vnie, & ne s'entretient continuellement, ains que celle de la partie terreſtre eſt cauée & interrompuë en diuers endroits par pluſieurs contours de mer, tout ce qui eſt eſleué de terre au deſſus de l'eau, a eſté diſtingué par les Geographes en continent, Iſle, Peninſule, & Iſthme : voyant auſſi que la mer n'eſtoit d'egale eſtenduë par tout, ains fort grande & ſpacieuſe en vn lieu, & fort eſtroicte en d'autres ; ils l'ont pareillement diſtinguée en vaſte, goulphe, & deſtroit : Toutes leſquelles choſes, tant terreſtre qu'aquatique, nous expliquerons icy, comme auſſi pluſieurs autres termes & vocables, dont on vſe ordinairement en la Geographie.

Continent, ou terre ferme, eſt vne grande eſpace de terre toute d'vn tenant ſans interruption de mer, comme ſont Europe, Aſie, Afrique, Mexique, Peruanne, & la terre Auſtrale.

Iſle, eſt vne petite ou mediocre partie de terre enuironnée d'eau de toutes parts, comme Angleterre, Irlande, Rhodes, Sicile, Corſe, Cypre, Crete, Taprobane, Iappon, Iaua, & pluſieurs autres.

Peninſule, ou preſque-Iſle, que les Grecs appellent Cherſonneſe, eſt vne petite ou moyenne eſpace & portion de terre enuironnée d'eau de toutes parts, excepté certain endroit faiſant vne poincte eſtroitte, par laquelle ceſte portion terreſtre eſt ioincte à la terre ferme : Il y en a de deux ſortes, les vnes eſtans dittes Peninſules propres, & les autres impropres. Les propres, ſont celles qui ſont ioinctes à la terre ferme par vne eſpace terreſtre, fort petit & eſtroit, comme ſont les cinq ſuiuantes. La premiere eſt ceſte Cherſonneſe là qui eſt en la mer Egée, & adherante à la terre de Thrace par le deſtroit de Galipoly nommé Heleſpont ; en icelle Peninſule eſt la ville de Seſtos. La deuxieſme Peninſule eſt celle anciennement nommée Peloponneſe, & à preſent la Morée, laquelle eſt ſcituée en la mer Mediterranée ; à l'entrée d'icelle eſt la ville de Corinthe. La troiſieſme eſt ditte Taurique Cherſonneſe, laquelle eſt au pont ou mer Euxine ; en icelle eſt la ville de Capha, anciennement nommée Theodoſia. La quatrieſme Peninſule eſt nommée Cimbrique Cherſonneſe, laquelle eſt en la mer d'Allemagne, & faict partie du Royaume de Dannemarc ; en icelle ſont les villes de Arhuſin & Alburg. Et la cinquiſme eſt ditte Aureau Cherſonneſe, laquelle eſt en la mer Indique, & en icelle eſt la ville de Malacha.

Mais les Peninſules impropres ſont celles-là auſquelles la mer delaiſſe vn trop grand & large eſpace, pour l'adjonction & entrée d'icelle à la terre ferme, comme ſont l'Eſpagne, l'Italie, la Natolie, le Iucatam, la Floride, Calliformie, & pluſieurs autres ſemblables parties que l'on pourroit mettre en ce rang.

Iſthme, eſt ceſte eſtroitte partie de terre compriſe entre deux mers, & par laquelle vne Peninſule eſt ioincte au Continent, comme l'Iſthme Corinthien, par lequel le Pelopõneſe eſt ioinct à la Grece : l'Ithme precop, par lequel on entre de la Crimée ou Tartarie precopenſes dans la Cherſonneſe Taurique, & ainſi des autres entrées aux Peninſules cy-deſſus remarquées.

Mais eſt à notter qu'il y a deux Iſthmes fort renommez, leſquels ne ſeruent point pour entrer d'vn Continent en vne Peninſule, ains en vn autre Continent : L'vn d'iceux Iſthme eſt l'Arabique, ou de Damiette, lequel eſt entre le fonds de la mer rouge, & la mer Mediterranée appellée en cet endroit mer d'Egypte : Par iceluy le Continent d'Afrique eſt ioinct à celuy d'Aſie, l'autre Iſthme eſt celuy de nombre de Dios, qui ioinct l'Amerique Mexicane à la Peruane.

Quelqu'vns veulent encore ranger au nombre des Iſthmes l'eſpace terreſtre, qui eſt entre la mer Pontique & la mer Caſpie, & l'appellent le grand Iſthme, à cauſe qu'il eſt plus grand & large qu'aucun autre.

Or voilà les 4 parties eſquelles nous auons dit eſtre diuiſé tout ce qui eſt eſleué de terre au deſſus de l'eau : mais à preſent voyons ce qui eſt de la diſtinction de la mer, & comme on peut auſſi remarquer en icelle quatre parties correſpondantes aux quatre de la terre cy-deſſus expliquées. Premierement donc, la mer vaſte & deſcouuerte eſt tout le lieu de l'Ocean, qui n'eſt par trop contrainct & ſerré entre deux terres, ains eſt eſtendu de toutes parts ſans aucun empeſchement : & comparant ceſte eſpace maritime aux autres parties de la mer, elle ſera à leur eſgard ce que la partie terreſtre que nous auons appellée Continent, eſt au regard des autres parties de la terre : tellement que ce grand Ocean ſera la partie de mer correſpondante au Continent de la terre.

Sinus, ou Golphe, eſt vne partie de mer laquelle entre dans la

terre, en meſme façon qu’vne Peninſule entre dedans la mer: tellement qu’icelle partie maritime eſt toute enuironnée de terre, excepté vne eſtroitte eſpace par laquelle on entre de la grand mer
audit Sein, ou au contraire: ainſi ceſte partie de mer correſpond à
la partie de terre appellée Peninſule: & tout ainſi qu’il y a des Peninſules propres & impropres, auſſi ſemblablement y a-il des Golphes propres, & des impropres. Entre les propres ſe conſiderent
principalement le grand Sein Mediterranée, dans lequel il y en a
pluſieurs autres; le Sinus Arabique, ou mer rouge, qui eſt auſſi appellé mer Erithrée, & mer Suph; le ſein Perſique, ou de Meſſendin,
autrement nommé mer Elcatif; & le Sinus Baltic, ou Godan, dans
lequel il y en a pluſieurs autres.

Mais entre les ſeins impropres (ainſi dits à cauſe que leur entrée
dans la terre eſt par trop large) ſe remarquent principalement le
ſinus Gangetique, autrement dit Golphe de Bengala: puis apres celuy dit Sinus Magnus, ou grand Sein; le Sinus Granduicus, ou mer
blanche, le ſein de Mexique, le ſein Calliformien, autrement appellée mer Vermeille; & le Sinus de S. Laurens.

Deſtroit, eſt vn lieu en la mer qui eſt fort eſtroit, & comme preſſé
par deux riuages ou bords de terre, qui cauſent que la mer n’a ſon
cours en cet endroict ſi libre qu’ailleurs: ceſte partie de mer correſpond à celle de la terre nommée Iſthme. Or il y a de diuerſes ſortes de deſtroits: car les vns ſeruent d’entrées, & ſorties aux ſeins ou
Golphes; comme le deſtroit de Gibraltar ou de Gades, par lequel
on entre de la mer Oceane en la mer, ou ſein Mediterranée; le deſtroit de Babelmondel, par lequel on entre de la mer Auſtrale dedans le Sinus Arabique: le deſtroit d’Ormus ou de Batzore, par lequel on entre de la mer Arabique ou Indique dans le ſein Perſique;
& le deſtroit de Dannemarc, par lequel on entre dans le ſinus Baltic. D’autres deſtroits ſeruent pour paſſer d’vne mer en l’autre,
comme le deſtroit de Vveigats en la mer Petzore, autrement nommé deſtroit de Naſſau, qui eſt entre la Moſcouie & la nouuelle Zem-
le; le deſtroit de Danien, qui eſt entre la Mexique & la partie Septentrionale d’Aſie, nommée Scithie & Tartarie; le deſtroit de
Dauis, qui eſt entre la nouuelle France & l’iſle de Groenlande; le
deſtroit de Magellan, vers la partie Auſtrale de la Peruane. Il y a
encore d’autres petits deſtroits qu’on appelle Boſphore, dont y
en a

y en a deux fort renommez, l'vn qu'on appelle deftroit de Conftan-
tinople, ou Bofphore Tracien, par lequel on entre du Propontide
ou mer de Marmora dedans la mer Euxine; & l'autre eft appellé
Bofphore Cimerien, par lequel on entre de la mer Euxine dans le
palus Meotide. Il y a auffi le deftroit de Gallipoli appellé Helefpôt,
& par les Turcs bras de S. Georges, par lequel on entre dans le Propontide, & puis le deftroit de Patrice, par lequel on entre de la mer
Ionique dans le golphe de Lepante.

Quant à la partie de mer correfpondante à la partie de terre appellé Ifle, il n'y a que la mer Cafpie, laquelle eft rangée par aucuns
auec les lacs, & par d'autres auec les feins.

Ces chofes eftans ainfi expliquées, voyons maintenant en general ce qui eft des fept principales parties de la terre, & premie-
ment,

De l'Europe.

Les Geographes ne font totalement d'accord des bornes de cefte partie du monde : mais fans nous arrefter aux diuerfes opinions,
nous dirons que vers l'Orient, par où l'Europe eft adjaçante à l'A-
fie, il y a pour termes & limites la mer Egée, le Propontide, le Bofphore de Trace, le pont Euxin, le Bofphore Cimerien, & le Palus
meotide : puis le fleuve Tanay, vulgairement appellé Don, & vne
ligne droicte tirée des fources & fontaines d'iceluy fleuue iufques
au havre S. Nicolas, qui eft au fein Granduic : du cofté de Midy elle
eft bornée par vne partie de la mer Mediterranée, & par le deftroit
de Gibraltar, qui la feparent d'Afrique; vers Occident elle eft terminée par le grand Ocean, & vers le Septentrion il y a l'Ocean Hyperborée, & la mer glaciale.

Quant à la fituation de l'Europe au refpect du ciel, elle tombe
entre les 36 & 63 degrez de latitude, outre laquelle latitude de 63
degrez, iceluy Ptolomée ne cognoiffant aucune chofe il ne la eften-
duë plus loing. Mais comme dit quelqu'vn, plufieurs terres ayans
efté defcouuertes de noftre temps vers le Septentrion, noftre Europe en eft accreuë iufques à 72 degrez de latitude boreale : tellement
que felon les plus modernes Geographes, les parties plus Meridio-
nales du continent d'Europe font le mont Calpe au deftroit de Gi-

B

braltar, & le cap Tenaria en la Morée, eſquels lieux le plus grand
iour artificiel de l'année eſt d'enuiron 14 heures 20 minuttes: mais
les bornes plus Septentrionales ſeront au 71 degré 30 minuttes, où
eſt ſitué le dernier cap & promontoir de Scandie vers le Nord, à
preſent nommé Vvardhuis, auquel lieu le plus long iour artificiel
eſt d'enuiron 2 mois 22 iours & 7 heures: Mais ſelon les Meridiens,
icelle Europe eſt ſituée entre les 2 & 73 degrez de longitude, à le
prendre depuis le cap S. Vincent iuſques à la plus grande courbeu-
re & ſinuoſité du fleuue Tanay; ou bien entre les 2 & 67 degrez de
longitudes, qui voudra prendre ladite longueur depuis iceluy cap
S. Vincent iuſques à l'emboucheure dudit fleuue, comme veulent
aucuns: mais d'autres la poſent ſeulement entre ledit cap, & le dernier promontoir de la Morée dit Malea, quoy faiſant elle ne s'e-
ſtendroit pas d'Occident en Orient par 49 degrez, ſelon les longitudes que Ptoloméc attribuë auſdits lieux. Quoy que c'en ſoit, il demeure pour conſtant qu'elle eſt toute dans la zone temperée Septentrionale, excepté les parties plus boreales de Scandie, qui ſont
dedans la zone Frigide: parquoy ces extremitez-là ſont fort froi-
des, qui faiſt qu'elles ſont mal-aiſément cultiuées: mais au reſte depuis 60 degrez de latitude en tirant vers l'equateur, l'air y eſt bon &
fort temperé, ce qui eſt cauſe que ſon terrouët eſt merueilleuſemēt
fertile & abondant en toutes ſortes de grains, fruiſts, vins & arbres:
tellement qu'on peut comparer l'Europe aux meilleures contrées
du monde, ſoit qu'on conſidere la grande abondance des choſes
delectables qu'elle produit, outre toutes celles neceſſaires à la vie
de l'homme, ſoit qu'on regarde à la multitude de peuples, au nombre des belles villes, chaſteaux, bourgs & villages dont elle eſt rem-
plie: comme auſſi à la ſubtilité d'eſprit, & dexterité de corps de ſes
habitans.

　　Or s'il y a grande diuerſité entre les autheurs, touchant le ſit &
poſition de l'Europe au regard du ciel, il n'y en a pas moins en la
determination de la quantité de ſa longueur & largeur: car il y en
a qui luy attribuent 3800 milliers Italiques en longueur: d'autres
prenant icelle longueur depuis le deſtroit de Gibraltar iuſques au
fleuue Tanay, luy donnent 750 lieuës d'Allemagne, ou 1500 de
France: Il y a encores quelqu'vns qui prennent ladite longueur depuis Lisbone iuſques à Conſtantinople, & la poſent de 1200 lieuës

Françoifes. Et quant à la largeur d'icelle, aucuns difent qu'il n'y a guere d'endroit plus large de 450 lieuës Françoifes, finon qu'on prenne ladite largeur d'Europe enuiron le milieu d'icelle, tirant de l'Italie en Dannemarch. Et quelques autres prenant ladite largeur depuis l'Ifle de Sicile iufques au bout & extremité des regions Septenttionales, luy attribuent 1200 lieuës Françoifes.

Les regions & parties principales de ce Continent d'Europe, font Efpagne, France, Pays-bas, Allemagne, Italie, Hongrie, Tranfiluanie, Dalmatie, Grece, Pologne, Lituanie, Mofcouie, Roxolanie, Danie, Suede, & Noruegue: Ses Ifles en la mer Oceane font Angleterre, auec Efcoffe, Irlande, Iflande, Friflande, Hetlande, & Engrouelande, & plufieurs autres adjaçantes à icelles: il y en a auffi plufieurs en la mer Mediterranée qui luy font attribuées, comme les Baleares Maiorque & Minorque, Corfe, Sardaigne, Sicile, Malte, Corcyre, Cephalene, Zacinthe, Crete, Metelin, Eubœe, Lesbe, & plufieurs autres petites Ifles en la mer Egée: de chacune defquelles regions, & Ifles cy-deffus declarées, on peut voir la defcription dans Ptolomé, Ortelius, Mercator, & autres autheurs.

L'Europe eft lauée & arroufée d'infinis fleuues, dont les principaux font le Danube, le Rhein, la Garonne, la Seine, le Rhofne, Loyre, Lefcault, le Tybre, le Po, Guadalqueuir, Ana, Ebro, Tanay, & Borifthenes.

Il y a auffi en Europe plufieurs monts & montagnes, entre lefquelles font confiderables les Alpes & Pyrenées, qui blanchiffent de neges en tout temps & faifons.

De l'Afrique.

Les bornes & limites de cefte partie Africaine, ne font les mefmes en tous autheurs, mais il femble qu'on doiue fuiure ceux qui veulent que du cofté d'Orient elle foit feparée de l'Afie par la mer rouge, ou finus Arabique, & par l'Ifthme qui eft entre iceluy finus & la mer d'Egypte: vers le Midy elle eft terminée par la mer Ethiopique: du cofté d'Occident, par la mer Atlantique; & vers Septentrion, par la mer Mediterranée, & deftroit de Gibraltar.

L'Afrique eft couppée de l'equateur prefque par le milieu, & s'eftend de part & d'autre d'iceluy iufques enuiron 35 degrez de latitude: tellement qu'enuiron chaque extremité d'icelle region Afriquaine, le plus long iour artificiel sera presque de 14 heures 25 minuttes. Selon la longitude, Maginus veut qu'elle soit situuée entre le Meridien tiré par 4 degrez, & celuy qui passe par 82 degrez de longitude: mais Mercator l'estend dauantage, car il la termine vers Occident au deuxiesme degré de longitude, & vers Orient à 85 degrez: quelques autres la resserrant par trop, la constituent entre les 10 & 80 degrez de longitude.

Il appert donc qu'Afrique occupe non seulemēt toute la largeur de la Zone Torride, mais aussi qu'elle anticipe enuiron 10 degrez & demy dans chacune des zones temperées: c'est pourquoy la plus part d'icelle region est grandemēt vexëe & tourmentée par la chaleur du Soleil, qui rend son terroüer tellement sec & aride en des contrées sablonneuses, qu'elles demeurent totalement desertes, iusques-là que les voyagers sont quelquesfois contraincts de porter des viures quant & eux pour l'espace de sept ou huict iournées de chemin, voire mesme de l'eau, tant le pays est desert, sec & aride.

Quant à la grandeur d'Afrique, on estime qu'elle excede le double d'Europe, iaçoit qu'à peine elle comprenne la moictié des habitans d'icelle. Selon la longitude d'Orient en Occident, l'Afrique est bien plus courte & estroitte en d'aucuns lieux que l'Europe; mais selon les latitudes, elle s'estend tellement vers Midy, que sa largeur est enuiron double de celle de l'Europe: car à le prendre depuis l'extremité & poincte plus Australe d'icelle, qui est le Cap de bonne esperance, iusques aux lieux les plus aduancez en la partie Septentrionale, on y compte 70 degrez, qui font 2100 lieuës Françoises, & le continent d'Europe n'en a pas 1100.

L'Afrique a esté diuersement diuisée par les anciens: car les Romains diuiserent ce qu'ils en cognoissoient en 6 prouinces, qui estoient la Proconsulaire en laquelle est Carthage, Numidie consulaire, Bizachie, Tripolitaine consulaire, Mauritanie Cesariene, & Mauritanie Sitiphense: & Ptolomée a diuisé ce qui estoit cogneu de son temps en 12 regions, qui sont Mauritanie Tingitane, Mauritanie Cesarienne, Numidie, Afrique propre, Cyrenaique, Marmarique, Libye propre, Egypte superieure, Egypte inferieure, Libye interieure, Ethiopie souz l'Egypte, & l'Ethiopie interieure: mais à present on la diuise ordinairement en six principales parties, qu'on

appelle Barbarie, Numidie, Libye, le pays des Negres, Ethiopie, &
Egypte ; chacune defquelles parties font fubdiuifées en plufieurs
Royaumes & Prouinces, ainfi que on peut voir dans Ortelius, Atlas,
Magin, & autres Geographes qui ont faict la defcription particu-
liere d'icelles.

Es enuirons d'Afrique font efparfes plufieurs Ifles, dont les principales font celles-cy ; l'Ifle de Port-Sainct, Madere, les Canaries,
& celles-là du Cap-verd, qui font toutes fituées en l'Ocean Atlantique : mais il y a auffi en l'Ocean Ethiopique l'Ifle du Prince, & celle
de S. Thomas : puis au delà du Cap de bonne efperance au finus
Barbarique, font encore plufieurs autres Ifles toutes defertes & in-
habitées, fors celle de fainct Laurens, qu'on appelle Madagafcar, &
plus auant, vis à vis du Cap & Promontoire de Guardafu, que Ptolomée appelle Aromata, eft encore fituée l'Ifle Zocotara, autremēt
appellée Diofcuriada.

Il y a auffi plufieurs fleuues & lacs, entre lefquels il y en a vn fort
grand nommé Zaire vers Septentrion, & Zembre vers Midy : mais
les principaux fleuues font le Nil, Niger, Senega, Hambra, Zaire,
Cuama, & le fleuue du fainct Efprit, tous lefquels arroufent mer-
ueilleufement, & font fructifier les terres fur lefquelles ils paffent.

Il y a finalement en Afrique plufieurs tres-hautes montagnes, la
principale defquelles eft Atlas, lequel forty du milieu d'vne grande fablōniere, efleue fi haut fes affreux coftaux, & teftes entrecoup-
pées, que les fommets ne s'en peuuent apperceuoir : ceux du pays
l'appellent colomne du ciel ; il commence dés l'Ocean, où il donne
nom à la mer Atlantique, d'où fe coulant en maffe, continué par diuers & recourbez deftours, s'eftend en fin vers l'Orient iufques aux
lifieres d'Egypte. La Sierra Leona eft auffi vn tres-haut mont, le
coupeau duquel eft toufiours caché par continuels nuages ; & d'i-
celuy fortent de fi effroyables bruits & tempeftes, qu'on les entend
de bien auant en mer, qui eft l'occafion pourquoy on a nommé cefte montagne la Roche de Lyon. Il y a encore les monts de la Lu-
ne, que les anciens ont mis au deffouz du Tropique de Capricorne,
quoy que tres-hauts, font neantmoins habitez par certains peuples
farouches ; pres d'iceux monts fe voyent des valons fi profonds,
qu'ils femblent aller iufques au centre de la terre.

De l'Asie.

L'Asie est bornée vers Orient par l'Ocean Serique & Oriental, de la mer rouge & Indique vers Midy, & du costé de Septentrion elle est bornée par la mer congelée ou hyperborée : mais vers Occident, elle a les termes & limites Orientales d'Afrique, & Europe; sçauoir est le sinus Arabique, l'Isthme de Damiette, partie de la mer Mediterranée, la mer Egée, le pont Euxin, le palus Meotide, le fleuue Tanay, & la ligne droicte tirée de la source d'iceluy fleuue iusques au havre S. Nicolas en la mer blanche.

Le continent d'Asie s'estend presque depuis l'equateur iusques à 80 degrez de latitude boreale; d'ou aduient vne grande diuersité en la longueur des iours artificiels par tout ce continent : car sa partie plus Australe n'est fort loing de l'equateur, estant par l'extreme & derniere coste du Royaume de Malaca, où le plus long iour artificiel de l'année est peu plus de 12 heures : mais enuiron le milieu d'iceluy continent Asiatique, le plus grand iour artificiel est presque de 15 heures; & en la partie la plus boreale d'iceluy, il y a en Esté vne lumiere & iour continuel pendant plus de quatre mois. Mais selon la longitude, aucuns l'estendent depuis le Meridien tiré par le 52 deg. iusques à celuy du 196: d'autres, entre lesquels est Mercator, font passer son Meridien plus Occidental par le 57 degré, & le plus Oriental par le 178.

Il appert donc que ceste troisiesme partie du vieil monde n'est moindre que les deux autres parties ioinctes ensemble, sçauoir Europe & Afrique : que l'air y est fort doux, & bien temperé en des endroicts, mais tres-rude & rigoureux ailleurs; d'vn costé pour l'excessiue & insuportable froidure, & de l'autre pour la trop grande chaleur.

Les Monarchies des Perses, Medes, Assiriens & Babiloniens, ont grandement illustré l'Asie; & la saincte Escriture faict souuent mention d'icelle, veu que la plus grand part de ce qui est traicté au vieil & nouueau Testament est aduenu en Asie : La bonté & fertilité de son terrouër ayde aussi fort à sa renommée : car outre infinies choses delectables qu'elle produit pour les plaisirs & delices de ses habitans, il leur donne en abondance toutes celles necessaires pour la vie humaine : & de là se transportent aux pays estrangers quantité d'odeurs, eſpiceries, meſtaux, perles, & pierres precieuſes : tellement que de ceſte contrée on nous apporte bauſme, canelle, poiure, encens, myrrhe, caſſe, reſine, muſc, bois de ſenteur, cinamome, cariophile, & perles Orientales.

Ptolomée a diuiſé l'Aſie en 47 regions & prouinces, appellées le Pont & Bithinie, qui eſt proprement ditte Aſie, la grande Phrigie, la Lycie, la Galatie, la Paphlagonie, la Pamphilie, la Capadoce, l'Armenie mineure, la Cilicie, la Sarmatie d'Aſie, la Colchide, l'Iberie, l'Albanie, l'Armenie maieure, l'Iſle de Cypre, la Syrie caue, la Phenice, la Paleſtine de Iudée, l'Arrabie pierreuſe, la Meſopotamie, l'Arabie deſerte, le pays de Babylone, l'Aſſyrie, la Suſyane, la Melade, Perſe, la Parthe, la Carmanie deſerte, l'autre Carmanie, l'Arabie heureuſe, l'Hyrcanie, la Margiane, la Bactiane, la Sogdiane, le pays des Sacques, la Scythie deçà le mont Imaus, la Scythie delà le mont Imaus, la Serique, Aria, Paropamiſus, la Drangiane, l'Arachoſie, la Gedroſie, l'Inde deçà le Gange, l'Inde delà le Gange, la region des Sines, & l'Iſle de la Taprobane, auec toutes les autres qui ſont és enuirons d'icelle.

Mais ceſte diſtinction Ptolomaique d'Aſie n'a eſté ſuiuie par les anciens ny modernes Geographes ; les vns l'ayant diuiſée en 9 parties, les autres en 5, & quelqu'vns en 7 ; ceſte-cy ſemble eſtre la plus conuenable & commode, c'eſt pourquoy nous la ſuiurons.

La premiere partie d'Aſie ſera donc ce qui eſt contigu à l'Europe, & qui obeyt au grand Duc de Moſcouie, dont les bornes & limites ſont la mer glaciale, le fleuue Oby, le lac Kiraia, & la ligne tirée delà iuſques à la mer Caſpie, & l'Iſthme d'entre ceſte mer & le pont Euxin.

La ſeconde partie eſt ce qui obeyt au grand Cham Empereur des Tartares, dont les bornes vers le Midy ſont la mer Caſpie, le fleuue Iaxartes, & le mont Imaus ; vers l'Orient, & le Septentrion, la mer Oceane ; & à l'Occident, le Duché de Moſcouie.

La troiſieſme partie eſt ce que les Turcs occupent en icelle Aſie, ſçauoir eſt ce qui eſt ſitué entre le pont Euxin, la mer Egée & Mediterranée, Egypte, les ſinus Arabique, & Perſique, le fleuue Tigris, la mer Caſpie, & l'Iſthme qui eſt entre ceſte mer & le pont Euxin : ſont icy compris la Natolie, la Paleſtine, l'Iſle de Cypre, & pluſieurs autres regions.

La quatriefme partie d'Afie eft ce que tient le Sophy Roy des Perfes, qui a vers l'Occident le Turc ; au Septentrion le Tartare ; au Midy la mer rouge, & à l'Orient le fleuue Indus.

La cinquiefme partie contient toutes les Indes Orientales, c'eft à dire l'Indie tant deçà que delà le Gange, laquelle n'eft commandée par vn feul comme les autres parties, ains font gouuernées par plufieurs Roys.

La fixiefme partie contient le grand Royaume de la Chine.

La feptiefme comprend toutes les Ifles efparces çà & là en l'Ocean Indique & Oriental, entre lefquelles font principalement à confiderer la Taprobane, Zeilam, Borneo, Celebes, la grande & petite Iaua, Gilolo, les Moluques, Ambon, Bandam, Tidor, les Philippines proprement dittes, Palohan, le Iappon, & Lequio.

Il y a de tres-grands fleuues en Afie, dont les plus fameux & renommez font le Tigre, Euphrate, le Iourdain, Inde & Gange.

Il y a aussi plufieurs montagnes, la plus-part defquelles viennent du mont Taurus, lequel fortant des coftes de la mer Orientale trauerfe toute l'Afie, prenant diuers noms : car és Indes on l'appelle Imaus, & vn peu plus auant Emodus, puis Paropomifus ; & de là en auant Circius, Chamdales, Pharphariades, Chroates, Oreges, Oroandes, Niphates, & finalement Taurus : toutesfois és lieux où il eft le plus haut & efleué, on l'appelle Caucaffus; & où il fe fourche & eftend en diuers endroicts, on le nomme Sparpedon, Coracefius, & Cragus, puis eft derechef nommé Taurus : & és endroicts où il s'ouure & eflargit, comme voulant donner paffage au monde, ces ouuertures font appellées pyles & portes, furnommées du lieu de l'ouuerture, comme les portes d'Armenie, de Cafpie, & de Cilicie, qui font les trois endroicts où ledit mont s'ouure & eflargit.

De l'Amerique Mexicane.

L'AMERIQVE, laquelle s'eftend du Midy au Septentrion en forme de deux grandes Peninfules, conioinctes par vn fort petit Ifthme, a efté incogneuë à nos deuanciers iufques à l'année 1492, qu'elle fut defcouuerte par vn nommé Chriftophle Colomb Geneuois, qui la nomma Indie Occidentale : mais apres cefte premiere

miere defcouuerte, Americ Vefpuce Florentin en accreuft tellement la cognoiffance, que toute cefte contrée & nouueau monde,
a efté nommé de fon nom; & puis apres ayant efté diuifé en deux
parties, chacune d'icelles auroit efté furnommée de la partie du
monde vers laquelle elle s'eftend le plus, de forte que la partie d'i-
celuy nouueau monde, qui tire de l'equateur vers Septentrion ou
pole Artique, a efté appellée Amerique Septentrionale; & celle
qui s'eftend vers Midy, Amerique Auftrale: laquelle eft encore
nommée Peruane, à raifon de la tres-riche region du Peru qui eft
en icelle; & femblablement l'Amerique Septentrionale s'appelle
auffi Mexicane, prenant ce nom de la plus noble & puiffante cité
d'icelle partie, qui eft Mexico, autrement ditte Temiftitan.

L'Amerique Mexicane a pour fins & limites vers Orient la mer
Oceane, vulgairement appellée del Nord, où fe voyent plufieurs
Ifles Septentrionales de l'Europe; à l'Occident, elle s'eftend vers le
Royaume de la Chine, l'Ifle Iappon, & les limites Orientales de la
Tartarie, dont elle eft feparée par le grand Ocean; au Midy elle eft
tellement preffée par les mers del Zur & del Nord qu'il n'y refte
qu'vn petit Ifthme, par lequel elle eft ioincte à la Peruane, auquel
font Panama, & nombre de Dios; & vers Septentrion ces bornes
font incertaines, la partie la plus boreale d'icelle Mexicane eftant
encore incogneuë; toutesfois les narrations de Martin Frohisber
& Iean Dauis, femblent tefmoigner qu'elle foit terminée par la mer
Glaciale.

Les plus expers Pilottes, rapportent que la partie Occidentale
de ce continent Mexicain, eft diftant des frontieres de Tartarie
feulement de 250 milles, mais qu'elle eft efloignée de l'ifle du Iappon par 750 milles, & de la Chine par 1100, femblablement que la
nauigation faicte en circuifant toutes les parties cogneuës de ladite
Mexicane eft d'enuiron 16000. Quelqu'vns prennent fa largeur
depuis 8 degrez de latitude Boreale iufques à 60 degrez, & d'autres
l'eftendent iufques à 67 degrez, par delà laquelle latitude la terre
eft encore incogneuë: mais felon les longitudes, ladite Amerique
Septentrionale s'efted depuis enuiron 190 degrez iufques à 348, &
ce à l'endroit où elle s'eflargit le plus, car delà en tirant vers l'equateur elle s'eftreffit continuellement. Ce continent Mexicain, qu'aucuns prennent pour Peninfule, comprend donc toute la largeur de

C

la Zone temperée Septentrionale, & en outre preſque vn quart de la Zone Torride. A l'extremité plus Auſtrale d'iceluy continent, le plus grand iour artificiel de l'année eſt d'enuiron 12 heures 28 minuttes: mais aux limites & frontieres de la terre cogneuë vers Septentrion, qui ſont enuiron ſouz le cercle Artique, le plus long iour artificiel eſt de 24 heures; & en la ville de Mexique, qui eſt la principale de toute ceſte region, le plus grand iour artificiel eſt preſque de 13 heures vn quart.

Ce continent Mexiquain eſt diuiſé en 10 principales regions & prouinces appellées Quiuira, nouuelle Eſpagne, Nicaragua, Iucatan, Floride, Apalchen, Norumbega, nouuelle France, terre du Laboureur, & Eſtotilant.

A l'Orient, & proche de la terre ferme du nouueau monde, c'eſt à ſçauoir en la mer del Nord, ſont pluſieurs Iſles, dont les principales ſont nommées Cuba, Eſpagnole, Iamaique, de ſainct Iean, & Marguerite, partie deſquelles ſont attribuées par aucuns au continent du Peru; mais d'autres les rangent toutes cinq auec le continent Mexiquain.

De l'Amerique Peruane.

L'AMERIQVE Peruane, ou continent Meridional du nouueau eſt preſque de forme Pyramidale, prenant la baſe vers le Nord, près de l'Iſthme, par lequel iceluy continent eſt ioinct à l'Amerique Septentrionale, mais la poincte & ſommet au deſtroit de Magelan vers le Midy, & pole Antartique: car depuis l'eſtenduë de ſaincte Marthe iuſques au cap S. Auguſtin, iceluy continent ſe reſſerre & eſtreſſit peu à peu iuſques au deſtroit de Magelan, eſtant preſſé à l'Orient par la mer del Nord, & à l'Occident par la mer pacifique; & par ainſi ladite Amerique Meridionale eſt de toutes parts enuironnée de l'Ocean, excepté par l'Iſthme du nombre de Dios.

La largeur d'icelle Amerique Meridionale eſt compriſe entre ſaincte Marthe, qui eſt ſon dernier cap vers le Nord, ayant 12 degrez de latitude Septentrionale, & le deſtroit de Magelan, qui eſt à 52 degrez 30 minuttes de latitude Auſtrale; & par ainſi toute la largeur d'icelle Peruane, à la prendre ſelon ſa plus grande eſtenduë, eſt de 64 degrez 30 minuttes. Et quant à fa longueur, on luy donne feulement 53 degrez à la prendre felon le Meridien du cap de fainct Auguftin, qui eft l'endroit où iceluy Continent s'eftend le plus d'Orient en Occident: Neantmoins ledit cap fainct Auguftin eft plus Oriental que le cap faincte Marie d'enuiron 67 degrez, car celuy-cy n'a qu'enuiron 282 degrez de longitude, & ceftuy-là en a prefque 349. Pour le regard du tour & circuit d'iceluy Continent, les mariniers & pilottes luy atttibuent ordinairemét 16000 milles: mais les Efpagnols eftiment que le circuit dudit Continent, depuis nombre de Dios par le deftroit de Magelan iufques à Panama, eft de 4065 lieuës: Ils donnent auffi 1000 lieuës à la largeur de ladite Amerique Peruane, & 1200 lieuës à fa longueur. Quoy que c'en foit, il appert affez que ledit Continent occuppe plus des trois quarts de la largeur de la Zone Torride, & prefque encore 29 degrez de la zone temperée Meridionale: & puis auffi que le plus grand iour artificiel de l'année és lieux plus Septétrionaux d'iceluy Continent, fera d'enuiron 12 heures 42 minuttes, mais de 16 heures 36 minuttes és lieux plus Auftraux: & finalement qu'eftant midy és lieux les plus Orientaux, il ne fera guere plus de fept heures & demie és lieux les plus Occidentaux de ladite Amerique Meridionale: tellement que les habitans de ces lieux-là ayant le Soleil leuant, ceux des plus Occidentaux auront encore quatre heures & demie de nuict; & ceux-cy ayant le Soleil couchant, ceux-là auront defia paffé quatre heures & demie de nuict.

Or combien que l'Amerique Meridionale contienne grand nombre de tres-riches prouinces & regions, neantmoins on ne la diuife ordinairement qu'en 5 principales, qu'on appelle Caftille d'or, Popaian, Peru, Chile, & le Brafil.

Il y a plufieurs fleuues & riuieres en cefte Amerique; mais fur toutes il y en a deux tres-remarquables en la partie Orientale; l'vne defquelles les Indiens appellent *Parauaguacu*, c'eft à dire grande eau ou riuiere de mer, à caufe qu'elle eft fort large, ayant plus de 35 lieuës à fon emboucheure, qui eft en la mer Auftrale à 33 degrez de latitude Auftrale, & contient plufieurs Ifles: On y trouue des pierres fines, force perles, & grande quantité d'argent; c'eft pourquoy on l'appelle vulgairement *Rio de la plata*, c'eft à dire riuiere d'argent:

l'autre est appeée riuiere de *Maragnon*, & par quelqu'vn fleuue des *Amazones*; en icelle il y a grand nombre d'Isles fort peuplées, on y trouue de l'or, & de fort grandes esmeraudes: on estime que ceste riuiere est la plus grande, non seulement des Indes, mais aussi de tout le monde: car elle faict par ses tours & destours plus de 1500 lieuës, & a de trois à quatre lieuës en largeur, voire mesme quelqu'vns disent qu'à son emboucheure, qui est en la mer del Nord à 3 degrez de latitude Australe, elle a bien 70 lieuës, qui est cause qu'aucuns l'appellent mer douce.

Il y a aussi en l'Amerique Meridionale plusieurs hauts monts & montagnes, qui neantmoins semblent tous prouenir & prendre racine d'vne tres-grande qu'on appelle *la cordillere des Andes*, laquelle commençant au destroit de Magelan trauerse toute ceste Amerique, & s'en va rendre & finir entre Panama & nombre de Dios: tellement que ceste montagne s'estend par plus de 2000 lieuës.

De la terre Australe.

PAR la terre Australe, on entend tout ce qu'il y a de terre ferme par delà l'Ocean Austral, & la mer pacifique, iusques au pole Antartique: icelle terre Australe contient deux parties principales, l'vne desquelles est nommée Marc Pauline, & l'autre terre Magellanique, chacune retenant le nom de son premier descouureur.

Or il y a en iceluy Continent, ou terre Australe, le Royaume de Psitac, la prouince de Beac, qui est fort fertile en or; le Royaume de Lucach, celuy de Maletur, & plusieurs autres regions qui nous sont incogneuës.

Quelqu'vns veulent que la region ditte nouuelle Guinée soit ioincte à ce Continent, ou terre ferme Australe, mais elle est encore si peu cogneuë qu'on n'en peut rien dire de certain; toutesfois il y a plus d'apparence, & est plus vray semblable qu'elle en soit distincte & separée. Or quoy que c'en soit, ceste region est fort grande, mais iusques à ce qu'elle soit plus cogneuë & frequentée, on ne peut certainement escrire aucune chose des principales prouinces d'icelle, non plus que de celles qui sont au Continent Austral, ny de plusieurs Isles adjaçantes à iceluy, comme la grande & petite *Iaua*, posées vis à vis de la Chine au dessouz du grand Archipela-

gue fainct Lazare, *Creffalina* en la mer Magellanique, dans le
Golphe fainct Sebaftien; *di Calis*, & vn nombre prefque infiny
d'autres petites Ifles qui font au petit Archipelague, en la mer pacifique.

Des terres Artiques.

L A feptiefme & derniere partie du monde eft celle qui eft enuiron le pole Artique, laquelle eft la moindre de toutes, &
prefque incogneuë: quelques autheurs parlant d'icelle, difent feulement que fouz iceluy pole il y a vne fort haute roche noire, ayant
33 lieuës de circuit, à l'entour de laquelle font quatre Ifles, entre lefquelles l'Ocean fe iettant par dixneuf bouches & entrées fait quatre Euripes, par lefquels il eft continuellemſtnt porté enuiron le
Septentrion, auquel lieu il eft abforbé & englouty és entrailles de
la terre. Celuy-là de ces Euripes, que l'Ocean Scytique faict à cinq
bouches & entrées, & dit-on qu'il coule auec telle viftefse & rapi-
dité qu'il ne gele iamais: mais celuy-là qui eft vis à vis de l'Ifle de
Groenlandie, & lequel entre par trois bouches, eft toufiours gelé
pendant trois mois de l'année: on luy donne 37 lieuës de largeur.
Quelqu'vns rapportent que ces quatre Euripes ont leurs cours fi
roides & rapides, que les nauires y eftans vne fois entrez, ne s'en
peuuent retirer par la force d'aucuns vents; ioinct qu'il y a fi peu de
vêts en ces quartiers là, qu'à peine les plus forts qui s'y faffent pour-
roient-ils faire tourner la meule d'vn moulin à froment. Mais les
Hollandois, qui ont defcouuert & recogneu les lieux efquels on dit
que font fituez ces Euripes n'en ont trouué aucun, combien qu'ils
ayent efte iufques à 81 degrez de latitude boreale, qui eft bien loin
par delà les lieux où l'on les affigne.

Or voilà en general ce qui eft des fept principales parties du
monde, lefquelles font ordinairement defcriptes & reprefentées
fur la fuperficie du Globe terreftre. Mais auparauant de declarer
ce qui eft reprefenté & figuré fur celle du celefte, nous expliqueròs
encore icy quelques termes dont vfent les Geographes en la diftin-
ction de toutes ces parties de la terre, eu efgard à la diuerfe fituation des habitans, aux vmbres, & à la grandeur des iours artificiels.

De la diuision de la terre par la diuerse situation des habitans.

LEs anciens Geographes ayant esgard aux diuerses assiettes des parties de la terre, scituées souz vn mesme Meridien, ont comparé chasque habitation d'icelles à trois autres, ayant entr'elles certaines habitudes & conuenances, ou quelques notables differences ; pour distinguer lesquelles habitations, ils nommerent leurs habitans Periœciens, Antœciens, & Antipodiens.

Les Periœciens sont ceux qui habitent souz vn mesme Meridien & mesme parallel, mais és poincts opposez d'icelny parallel : tellement que nos Periœciens sont autant esloignez de l'equateur, & de mesme pole que nous ; & par consequent ils sont aussi en la zone que nous habitons : Parquoy ils ont vne mesme temperature que la nostre, mesme Hyuer & Esté, mesme accroissement de iours & de nuicts, & en mesme temps : il y a toutesfois ceste difference, que quand nous auons le milieu du iour, nos Periœciens ont le milieu de la nuict, parce qu'ils sont distans de nous par 180 degrez du parallel.

Les Antœciens sont ceux qui habitent souz vn mesme Meridien, & en parallels esgaux : tellement que nos Antœciens sont autant esloignez d'vn mesme poinct de l'equateur vers le pole Antartique, que nous vers l'Artique : Parquoy nous auons le midy & la minuict en mesme temps qu'eux, mais les saisons de l'an sont changées : car lors que nous auons les plus longs iours artificiels, ils ont les plus courts ; & quand nous auons l'Esté, ils ont l'Hyuer ; sinon ceux de la zone Torride, ausquels on attribue deux Hyuers, qui peuuent auoir ensemble l'Hyuer, non toutesfois esgal, ne semblable en mesme temps,

Les Antipodiens, qu'on appelle aussi Antichthoniens, sont ceux qui habitant souz vn mesme Meridien, occupent les parties de la terre diametralement opposée : tellement que les pieds des vns sont opposez à ceux des autres, c'est pourquoy ils sont appellez contre-pieds. Nous auons toutes choses contraires auec nos Antipodiens, sçauoir est les iours, les nuicts, leurs commencemens & fins, comme aussi les saisons de l'année : car d'autant que nous ha-

bitons en l'hemifphere fuperieur, & nos Antipodiens en l'hemifphere inferieur du mefme horifon , quand le Soleil leur donne
l'Efté & les plus grands iours, il leur donne l'Hyuer & les plus grandes nuicts (excepté fouz l'equateur où les iours & nuicts font touf-
jours egales) & lors que le foleil fe leue icy, il fe couche là, & au
contraire, tellement que pendant qu'il eft iour aux vns, il eft nuict
aux autres.

De la diuifion de la terre par les vmbres.

LE s Geographes confiderant les diuerfes vmbres que le Soleil
faict en diuerfes parties de la terre, ont diftingué leurs habitans en trois fortes, nommans les vns Amphificiens, les autres Heterofciens, & d'autres Perifciens.

Les Amphificiens font ceux qui demeurent dans la Zone Torride; & font ainfi nommez, à raifon qu'ils ont les vmbres Meridiennes de deux coftez : car quand le Soleil eft plus Septentrional
que leurs zeniths, leurs vmbres Meridiennes vont vers Midy ; mais
elles vont vers Septentrion, quand le Soleil eft plus Meridional que
leurs fommets.

Les Heterofciens font ceux qui habitent aux zones temperez ; &
font ainfi nommez, pour autant que leurs vmbres Meridiennes
font toufiours iettées d'vn mefme cofté: Car d'autant que ceux qui
habitèt la Zone temperée Septentrionale, ont toufiours le Soleil
plus Meridional que leurs zeniths, ils iettent toufiours leurs vmbres Meridiennes vers Septentrion : & par raifon contraire, ceux
qui habitent en la zone temperée Meridionale, enuoyent toufiours
leurfdits vmbres vers Midy.

Les Perifciens font ceux qui demeurent aux Zones frigides ; &
s'appellent ainfi, pource que les corps efleuez à plomb iettent leurs
vmbres en rond : car d'autant qu'en ces quartiers-là le Soleil eft vn
iour, deux, trois, & dauantage fans fe coucher, il fait vn, deux, trois,
& dauantage de tour fur l'horifon ; & par confequent les corps à
l'entour defquels il tourne ainfi, ietteront leurs vmbres tout à l'entour d'eux.

Des climats & parallels terreſtres.

LEs Geographes ayans eſgard à la diuerſe quantité des plus
longs iours artificiels qui aduiennent en toute la terre, ont diuiſé toute la rondeur d'icelle de part & d'autre de l'equateur, iuſques aux poles, en certains eſpaces limitez par cercles parallels à
iceluy equateur, leſquels eſpaces ils ont faict de deux ſortes, appel-
lans les vns parallels terreſtres, & les autres climats : Ils appellent
parallel certain eſpace de terre compris entre deux lieux, dont les
plus grands iours artificiels de l'année ſont differends entr'eux d'vn
quart d'heure : mais ils appellent climat vne eſpece de terre, auquel
le plus grand iour artificiel qui aduienne à l'vne de ſes limites & extremitez, differe par vne demie heure du plus grand iour qui aduienne à l'autre extremité, tellement que chaque climat compred
deux parallels. Or tant les parallels que les climats ſont entre eux
de largeur inegale : car d'autant que la Sphere ou Globe terreſtre
eſt de plus grand circuit, & moins incliné vers le milieu & parties
voiſines de l'equateur, qu'il n'eſt és parties loingtaines approchant
des poles, ladite augmentation du plus grand iour artificiel par vn
quart d'heure, ou demie heure, requiert & occupe d'autant plus
grand eſpace que le dits parallels & climats ſont proches de l'e-
quateur, & d'autant moindres qu'ils approchent pres des poles : de
ſorte que le premier climat, & auſſi le premier parallel, eſt plus large que le ſecond, celuy-cy plus grand que le troiſieſme, & le troiſieſme plus large que le quatrieſme, & ainſi conſecutiuement des
autres.

Quant au nombre de ces parallels & climats, il y a eu grande diuerſité entre les Geographes, à cauſe que du commencement ils
auoient ſeulement eſgard aux parties de la terre cogneuës & com-
modément habitées ; mais puis apres pluſieurs côtrées incogneuës
ayans eſté deſcouuertes de temps en temps, le nombre deſdits parallels & climats a auſſi eſté augmenté. Les plus anciens Geographes ayans donc eſgard aux parties de la terre lors cogneuës, nom-
broient ſeulement ſept climats ; ceux qui vindrent puis apres en ad-
iouſterent deux, à cauſe de quelques regions deſcouuertes depuis
le temps des premiers : tellement que ſelon ceux-cy il y auoit dix-
huict

huic̈t parallels, & selon ceux-là quatorze. Ptolomée au chap. 23. du premier liure de sa Geographie, en compte vingt & vn depuis l'e-quateur iusques à l'Isle du Thyle, qui est à 63 degrez d'iceluy vers Septentrion : mais au 6. chap. du liure 2. de l'Almageste, iceluy Ptolomée (si tant est que ce soit le mesme autheur que de la Geo-graphie) en compte bien encore dauantage, mais d'vn ordre & di-sposition fort differente à tous ceux-là. Laissant donc toutes ces di-uersitez, & sans auoir esgard aux parties de la terre cogneuës & ha-bitées; disons que suiuant la definition des parallels & climats cy-dessus rapportez des anciens Geographes, il y a 48 parallels depuis l'equateur, où le iour artificiel est continuellement de 12 heures, iusqu'à chacun des cercles polaires, où le plus grand iour artificiel est de 24 heures; & par consequent, 48 climats d'vn d'iceux cer-cles à l'autre. Et quant à ce qui reste du Globe terrestre dedans les-dits cercles polaires, puis que la definition cy-dessus n'y a plus lieu, l'augmentation & accroissement des iours artificiels ne se faisant plus par quart d'heure ou demy heure, ains par iours, sepmaines ou mois, il sera libre de diuiser chacune desdites Zones frigides en tel nombre de climats qu'on voudra : Il semble toutesfois que la diuision qu'en à faic̈te Robert Huez soit assez bien disposée, ayant at-tribué à chacune d'icelles Zones six climats, dont la difference du iour continuel sans nuic̈t est d'vn mois, ainsi qu'on peut voir en son traic̈té des Globes chap. 7.

Quant au commencement desdits parallels & climats, il n'a esté moins diuers que le nombre d'iceux ; quelques Astronomes & Geographes les commençant à nombrer à l'equateur ; & d'autres y commençans les parallels, ne commencent toutesfois les climats qu'à 12 degrez 45 minuttes loing d'iceluy equateur, afin de les faire accorder auec les sept climats des anciens, qui les commençoient aussi en cet endroic̈t : mais i'estime qu'on doit delaisser l'ordre & commencement de ceux-cy, & suiure ceux-là qui commencent à compter lesdits parallels & climats à l'equateur. En quelques Glo-bes lesdits climats sont marquez au Meridien. Or voilà quant au Globe terrestre, voyons maintenant le celeste.

D

Les choses propres & particulierement marquées en la superficie du Globe celeste.

NOVS auons ia dit qu'il y a deux sortes d'estoiles luisantes au ciel, les vnes estans errantes, & les autres fixes : Quant aux errantes, (qui sont les sept Planettes) elles ne peuuent pas estre marquées sur le Globe ; puis que à raison de leurs prompts mouuemens elles sont tantost en vn endroit du ciel, & tantost en vn autre : mais bien les estoiles fixes, veu qu'elles sont tousiours de mesme distance entr'elles, & ont leur mouuement si tardif qu'elles ne semblent changer de scituation. Et combien qu'icelles estoiles fixes soient innombrables, si est-ce toutesfois que Ptolomée, & plusieurs autres Astronomes, en ayant remarqué iusques au nombre de 1022, ils les distribuerent en 48 asterismes, constellations ou images, ausquelles ils donnerent des noms selon que le sit & ordre des estoiles contenuës en chacune desdites constellations le pouuoit permettre : & puis ayant aussi esgard à la grandeur, splendeur, & clarté d'icelles estoiles, ils les distribuerent en six ordres, nommant les plus grandes & lumineuses, estoiles de la premiere grandeur ; celles vn peu moindres, estoiles de la seconde grandeur ; celles d'apres, estoiles de la troisiesme grandeur, &c : & par ainsi ils en remarquerent 15 de la premiere grandeur, 45 de la seconde, 208 de la tierce, 474 de la quatriesme grandeur, 217 de la quinte, & 49 de la sixiesme, ausquelles ils en adiousterent encore 9, qu'ils appellent obscures, & 5 nebuleuses. Or toutes lesdites estoiles sont despeinctes au Globe celeste auec leurs images & grandeurs, chacune des 48 constellations estant située & disposée selon le lieu qu'elle obtient au ciel ; & d'icelles, 12 sont au zodiaque, & les autres dehors, dont 21 sont en l'hemisphere Septentrional, & 15 en l'Austral. Ensuiuent les noms desdites constellations, auec le nombre des estoiles contenuës en chacune d'icelles ; premierement des 12 signes du zodiaque.

1. Le Mouton a 13 estoiles en sa figure, & 5 dehors.
2. Le Taureau a dans sa figure 33 estoiles, & 11 dehors.
3. Les Gemeaux ont 18 estoiles dans leur figure, & 7 au dehors.
4. Le Cancre a 9 estoiles dedans sa figure, & 4 dehors.
5. Le Lyon contient 27 estoiles dans sa figure, & 8 dehors.

6. La Vierge a 26 eſtoiles dans ſa figure, & ſix dehors.

7. La balance a 8 eſtoiles en ſa figure, & 9 dehors.

8. Le Scorpion a 21 eſtoiles dans ſa figure, & trois dehors.

9. Le Sagitaire a 31 eſtoiles dans ſa figure.

10. Le Capricorne contient 28 eſtoiles.

11. Le Verſeur d'eau a dans ſa figure 42 eſtoiles.

12. Les poiſſons contiennent 34 eſtoiles, outre 4 informes.

Voilà donc les 12 ſignes du Zodiaque; mais enſuiuent les images de l'Hemiſphere Boreal.

1. La petite Ourſe a ſept eſtoiles en ſa figure, & vne au dehors.

2. La grande Ourſe, autrement le Chariot, a 27 eſtoiles dans ſa figure, & 8 dehors.

3. Le Dragon comprend par ſa figure 31 eſtoiles.

4. Cephée contient 11 eſtoiles, outre les deux qui ſont hors forme.

5. Bootés, autrement le Bouuier, a 22 eſtoiles dans ſa figure, & vne dehors.

6. La Couronne Boreale contient 8 eſtoiles.

7. Hercules a 28 eſtoiles, outre celle qui eſt au bout de ſon pied droiɛt, laquelle il a commune auec Bootés, & encore vne hors forme, vers le bras droiɛt.

8. Le Vaultour, ou la Lyre, ne marquée que 8 eſtoiles.

9. Le Cygne, ou la Poulle, outre 2 eſtoiles qu'elle a hors forme, en a 17 en ſa figure.

10. Caſſiopée contient 13 eſtoiles.

11. Perſée a 26 eſtoiles dans ſa figure, & 3 hors d'icelle.

12. Le Chartier a 14 eſtoiles.

13. Le Serpentaire a 24 eſtoiles, outre 5 informes.

14. Son Serpent a 18 eſtoiles.

15. La Fleche ou Sagette a ſeulement 5 eſtoiles.

16. L'Aigle, ou Vaultour volant, contient 9 eſtoiles en ſa figure, & 6 hors d'icelle.

17. Le Dauphin a 10 eſtoiles.

18. Le Poulain mi-party a ſeulement 4 eſtoiles obſcures.

19. Pegaſe, ou Cheual aiſlé, a 20 eſtoiles.

20. Andromede a 23 eſtoiles.

21. Le triangle a ſeulement 4 eſtoiles.

Or voilà quant aux conſtellations de l'hémiſphere Septentrional, qui ſont hors du Zodiaque: & pour celles de l'hemiſphere Auſtral, leſquelles ſont pareillement hors du Zodiaque, les voicy cy-deſſouz.

1. La Baleine contient 22 eſtoiles.
2. Orion a 38 eſtoiles.
3. Le fleuue Eridan a 34 eſtoiles.
4. Le Lieure contient 12 eſtoiles.
5. Le grand Chien a 18 eſtoiles dans ſa figure, & 11 és enuirons d'icelle.
6. Procyon, ou la Canicule, a ſeulement 2 eſtoiles.
7. Le Nauire a 45 eſtoiles.
8. Le Hydre a 25 eſtoiles dans ſa figure, & 2 dehors.
9. La Taſſe, ou Cruche, a 7 eſtoiles.
10. Le Corbeau a pareillement 7 eſtoiles.
11. Le Centaure a 37 eſtoiles.
12. Le Loup a 19 eſtoiles.
13. L'Autel, ou l'Encenſoir, a 7 eſtoiles.
14. La Couronne Auſtrale contient 13 eſtoiles.
15. Le Poiſſon Auſtral a 18 eſtoiles dans ſa figure, & 6 hors d'icelle.

Or voilà ſommairement le nombre de toutes les conſtellations & images celeſtes peinctes 45 de la fie, auec le nombre des eſtoiles attribuées à chacune d'icelles: parquoy il ne reſte plus qu'à remarquer qu'il y a auſſi ſur ledit Globe vne certaine plage & ceincture qu'on appelle la voye lactée, à raiſon que tel endroict du ciel paroiſt comme de couleur de laict. Venons maintenant à l'vſage deſdits Globes.

PROP. I.

Pour trouuer la longitude, & la latitude de quelconque lieu exprimé au Globe terreſtre.

POVR bien entendre ceſte propoſition, eſt à notter que les 360 degrez eſquels l'equateur terreſtre eſt diuiſé, s'appellent vulgairement degrez de longitude, le commencement deſquels ſe prend diuerſement par les Geographes: car les vns ſuiuant Ptolomée le prennent au poinct & intersection de l'equateur & du Meridien, passant par les Isles anciennement appellées Fortunées, & maintenant Canaries: D'autres le prennent à l'intersection dudit equateur & du Meridien, passant par le Cap verd, & d'autres le prennent ailleurs; mais entre les modernes Geographes, il y en a plusieurs qui constituent le commencement desdits degrez de longitude au Meridien, passant par vne Isle des Acores nommées S. Michel; & de ce terme le prend Hondius en ses Globes: & suiuant ce, on peut dire que la longitude de quelque ville, ou autre lieu exprimé au Globe terrestre, est l'arc de l'equateur compris entre le Meridien de l'Isle sainct Michel, & celuy du lieu proposé.

Quant à la latitude d'vn lieu, c'est la distance de l'equateur au zenith d'iceluy lieu; ou plustost c'est la distance du lieu mesme iusques à l'equateur.

Or quand tu voudras cognoistre la longitude & la latitude de quelque lieu exprimé audit Globe; adjoinct le au Meridien, & l'intersection d'iceluy Meridien & de l'equateur monstrera les degrez de ladite longitude: mais les degrez du Meridien compris entre ledit equateur & le lieu proposé seront la latitude d'iceluy lieu, laquelle est tousiours egale à l'esleuation du pole sur l'horison.

Exemple: Voulant sçauoir la longitude & la latitude de ceste ville de Paris, que ie voy estre marquée en nostre Globe: Ie tourne iceluy Globe, en sorte que ladite ville de Paris soit souz le Meridien; & puis comptant les degrez de l'equateur couppez par iceluy Meridien, ie trouue enuiron 28 degrez & demy: mais comptant aussi audit Meridien les degrez compris depuis l'equateur iusques audit lieu, ie trouue presque 49 degrez. Ie dis donc que la ville de Paris est enuiron à 28 degrez & demy de longitude, & presque 49 de latitude.

Or en la mesme maniere, on pourra trouuer la difference longitudinale d'entre deux lieux exprimez audit Globe: car la difference de longitude n'est autre chose que l'arc de l'equateur compris entre leurs Meridiens: par consequent, on diroit aisément l'heure qu'il sera en l'vn desdits lieux, celle de l'autre estant cogneuë, à cause que 15 degrez de difference longitudinale donnent vne heure de difference d'horologes, & vn degré quatre minuttes: tellement qu'estant deux heures apres Midy en vn lieu plus Occidental qu'vn autre de 20 degrez; il sera desia trois heures vn tiers en cestuy-cy, qui aura eu Midy lors qu'en celuy-là on ne comptoit encore que dix heures deux tiers.

PROP. II.

Comme on peut mesurer la distance d'entre deux lieux expri-
mez au Globe terrestre.

POVR ce faire, est à notter qu'estant descrit vn grand cercle par deux villes ou autres lieux marquez en la superficie du Globe, l'arc d'iceluy cercle compris entre lesdits deux lieux est la mesure de la distance d'entre iceux, pource qu'iceluy arc est la plus courte ligne qui puisse estre menée en ladite superficie d'vn lieu à l'autre: Parquoy chercher la distance d'entre deux lieux, n'est autre chose que chercher combien de degrez & minuttes ledit arc contient; lesquels degrez & minuttes estans cogneuës, il faut conuertir en milles ou lieuës, donnant à chaque degré 60 milles d'Italie, ou 30 lieuës Françoises, ou 15 d'Allemagne.

Quand donc vous voudrez trouuer la distance d'vn lieu à vn autre, prenez sur ̷dit Globe la distance & interuale d'entre iceux lieux auec vn compas: & puis portez ceste distance sur l'equateur, afin de voir combien elle contiendra de degrez; & le nombre d'iceux degrez estant multiplié par 60, ou par 30, ou par 15, sera produit ladite distance cherchée en milles, ou en lieuës Françoises, ou d'Allemagne, selon le nombre par lequel vous aurez multiplié lesdits degrez.

Comme pour exemple: Voulant sçauoir la distance d'entre Paris & Lyon: ie prend auec vn compas la distance de Paris à Lyon, & l'apporte sur l'equateur, ou ie trouue qu'elle contient peu plus de 3 degrez: puis ie multiplie iceux 3 degrez par 30, & viennent 90. Parquoy ie dis que de Paris à Lyon, il y a en droict chemin enuiron 90 lieuës Françoises. Voulant aussi sçauoir la distance de Rome à Venise; ie prend auec vn compas ladite distance, & la porte sur l'equateur, & ie trouue qu'elle contient enuiron 2 degrez & demy, que ie multiplie par 60, & viennent 150: parquoy ie dis que de Rome à Venise il y a enuiron 150 milles.

PROP. III.

Comme se doit asseoir le Globe selon les quatre parties du monde.

CEcy se peut faire par plusieurs manieres, mais la plus aisée à pratiquer, est que par le moyen d'vne bussole ou autrement, on marque au lieu où l'on voudra asseoir le Globe les quatre parties du monde: puis poser ledit Globe sur icelles, en sorte que la partie de Midy responde à la mesme marquée, & ainsi des autres.

PROP. IV.

Pour trouuer le lieu du Soleil au Zodiaque à quelque iour proposé.

POVR ce faire, cherchez ledit iour proposé sur l'horison du Globe, & vis à vis d'iceluy vous trouuerez à peu pres le signe & degré où sera le Soleil audit iour. Mais est à notter qu'en l'année bissextile, depuis le vingt-cinquiesme Feurier, " faut compter vn degré dauantage que ce que l'on trouuer.

Pour exemple: Qu'il faille trouuer le lieu du Soleil au Zodiaque le huictiesme Mars 1612. Ie cherche sur l'horison ledit iour huictiesme Mars; & le trouuant, ie voy vis à vis d'iceluy au cercle des signes, enuiron 16 degrez & demy, du signe de Pisces pour le lieu du Soleil au huictiesme Mars si l'année proposée n'estoit bissextile. Ie compte donc vn degré dauantage, & sont 17 degrez & demy pour ledit lieu du Soleil requis.

PROP. V.

Pour trouuer le iour du mois, le lieu du Soleil estant donné.

CEcy est le contraire de la proposition precedente; c'est pourquoy cherchez sur l'horison le signe & degré du Soleil, & vis à vis d'iceluy degré vous trouuerez le quantiesme iour du

mois il fera lors : obferuant qu'en l'année biffextile il faut compter
vn iour dauantage depuis le vingt-cinquiefme Feurier.

PROP. VI.

Pour trouuer la declinaifon du Soleil, ou de quelque eftoile exprimée au Globe.

LA declinaifon du Soleil, ou d'vne eftoile, eft la diftance d'icelle à l'equateur : & pour fçauoir icelle declinaifon du Soleil à
quelque iour propofé, cherchez premierement le lieu d'iceluy au
zodiaque : puis le pofez, ou bien l'eftoile, au deffouz du Meridien ;
& comptant à iceluy Meridien combien il y a de degrez depuis ledit lieu du Soleil, où eftoile, iufques à l'equateur, on fçaura à peu
pres la declinaifon requife, laquelle fera Meridionale ou Septentrionale, felon la partie vers laquelle on la trouuera.

Comme pour exemple : Voulant fçauoir la declinaifon du Soleil au huictiefme Mars 1612. Ie trouue premierement par la 4 propofition, que le lieu du Soleil eft enuiron 17. degrez & demy Pifces : puis ie pofe lefdits 17 degrez & demy Pifces fouz le Meridien,
& ie trouue qu'ils font efloignez de l'equateur enuiron 5 degrez &
vn quart tirant vers Mi   partant ie dis que telle eft à peu pres la
declinaifon du Soleil audit iour propofé.

Mais deuant fçauoir la declinaifon de l'eftoile nommée Cor
Leonis ; ie pofe ladite eftoile fouz le Meridien, & trouue qu'elle
decline de l'equateur vers Septentrion d'enuiron 13 degrez & trois
quarts.

PROP. VII.

Pour trouuer la latitude du lieu où l'on eft.

CESTE propofition fe peut faire par plufieurs manieres, dont
la plus aifée eft de prendre la hauteur Meridienne du Soleil
auec vne Aftrolabe, ou autre inftrument à ce propre : puis appli-
quer le lieu d'iceluy en l'ecliptique fouz le Meridien ; & tenant ferme iceluy auec ledit Meridien, efleuez-le au deffus de l'horifon, iufques

ques à ce qu'il soit autant dessus ledit horison, comme la hauteur Meridienne du Soleil aura esté trouuée, & lors l'esleuation du pole dessus l'horison, monstrera la latitude de ce lieu-là : car l'esleuation du pole, & ladite latitude sont egales entr'elles.

Exemple : ayant trouué en quelque lieu de France la hauteur Meridienne du Soleil de 37 degrez, lors que le vray lieu d'iceluy est 20 degrez Pisces ; pour trouuer la latitude de ce lieu-là, ie mets les 20 degrez Pisces auec le Meridien, & les tenant ensemble, ie hausse iceluy Meridien iusques à ce que lesdits 20 degrez Pisces, ainsi adioints au Meridien, soient à 37 degrez au dessus de l'horison ; & lors regardant le pole Artique, ie le trouue esleué de 49 degrez par dessus l'horison : parquoy ie dis qu'autant est la latitude du lieu où l'on a obserué ladite hauteur Meridienne du Soleil.

Le mesme se fera prenant la hauteur Meridienne de quelque estoile exprimée au Globe, & operant auec icelle tout ainsi que dessus.

PROP. VIII.

Pour trouuer la longitude, & la latitude de quelconque estoile marquée en la superficie du Globe.

LA longitude d'vne estoile est l'arc de l'écliptique compris entre deux grands cercles venans des poles du zodiaque, l'vn desquels cercles passe par le commencement d'Aries, & l'autre par le centre de l'estoile : mais la latitude ? a distance de l'estoile à l'ecliptique, nombrée en ce cercle-là qu'an se par son centre ; & est icelle latitude Meridionale ou Septentrionale, selon l'hemisphere en laquelle sera posée l'estoile.

Quand donc vous voudrez sçauoir les longitude & latitude de quelqu'vne desdites estoiles descriptes au Globe : prenez la quarte de hauteur, & appliquez l'vn des bouts d'icelle au pole du zodiaque Boreal ou Austral, selon la situation de l'estoile : puis estendez ladite quarte de hauteur iusques à l'ecliptique, en sorte qu'elle passe par le centre de l'estoile, & le lieu de l'ecliptique ou atteindra & finira icelle quarte, monstrera la longitude de l'estoile : mais l'arc ou portion de la quarte comprise entre le centre de l'estoile & l'eclip-

E

tique, monftrera la latitude d'icelle eftoile, laquelle fera ditte Septentrionale fi c'eft deuers le pole Artique; mais Meridionale, fi
c'eft vers le pole Antartique.

Exemple: Voulant fçauoir la longitude & la latitude de l'eftoile
nommée Cauda Leonis: Ie prends la quarte de hauteur, & pofe
l'vne de fes extremitez fur le pole du zodiaque vers Septentrion; &
eftendant ladite quarte, paffant par le centre de ladite eftoile Cauda Leonis, elle fe vient terminer à enuiron 16 deg. vn quart Virgo:
& partant telle eft la longitude de ladite eftoile; & la portion d'i-
celle quarte comprife entre le centre de ladite eftoile & l'ecliptique, contient enuiron 12 degrez vn tiers: & partant ie dis que telle
eft la latitude d'icelle eftoile, laquelle eft Septentrionale, d'autant
que ladite eftoile s'eft trouuée de ce cofté-là.

PROP. IX.

Pour trouuer l'afcention & defcention droicte & oblique du
Soleil, ou d'vne eftoile exprimée au Globe.

L'ASCENTION du Soleil ou d'vne eftoile, eft le degré de l'e-
quateur qui fe monftre au bord de l'horifon, quant & quant le
Soleil ou eftoile: mais fa defcention eft le degré qui fe cache fouz
l'horifon quant & eux. L'vne & l'autre d'icelles font dittes droicte,
& oblique; droicte quand elles font referées en la Sphere droicte;
mais oblique, fi elles font referées à l'horifon oblique.

Quand donc vous voudrez fçauoir l'afcention droicte du Soleil, ou de quelque eftoile defcritte fur le Globe, mettez le lieu du
Soleil ou eftoile fouz le Meridien du Globe, & le degré de l'equateur qu'iceluy Meridien couppera, monftrera l'afcention & defcention droicte: Car en la Sphere droicte, le mefme degré qui fe leue
auec le Soleil ou eftoile, fe couche auffi, & medie le ciel auec eux.

Exemple: Le Soleil eftant à 12 degrez du figne d'Aries, & defirant fçauoir fon afcention droicte; ie mets lefdits 12 degrez d'Aries
fouz le Meridien du Globe, & iceluy couppe le vnziefme degré de
l'equateur: & partant telle eft l'afcention droicte du Soleil requife.
Mais defirant fçauoir auffi l'afcention droicte de l'eftoile Cor Leonis, ie mets ladite eftoile fouz le Meridien, & iceluy couppe le

147. degré de l'equateur : c'est pourquoy ie dis que telle est l'ascention droicte d'icelle estoile Cor Leonis.

Mais si vous voulez sçauoir l'ascention oblique, disposez premierement le Globe selon l'esleuation du pole du lieu : puis ioignez le lieu du Soleil ou l'estoile à l'horison en la part Orientale, & le degré qu'il couppera en l'equateur sera le degré de l'ascention oblique requise : Ou bien si vous mettez le lieu du Soleil ou l'estoile à l'horison en la partie Occidentale, le degré de l'equateur qui se couchera lors, vous monstrera la descention demandée.

Exemple : Voulant sçauoir l'ascention & descention oblique de l'estoile Cor Leonis, le pole estant esleué sur l'horison de 49 degrez : Ie dispose le Globe selon ceste esleuation ; puis mettant ladite estoile à l'horison en la partie Orientale, iceluy me monstre en l'equateur enuiron 130 degrez pour l'ascention oblique d'icelle : mais ayant mis icelle estoile à l'horison de la part d'Occident, ie trouue pour la descention oblique enuiron 164 degrez.

Mais qui voudroit sçauoir l'ascention droicte ou oblique particuliere d'vn signe, ou autre arc de l'ecliptique, c'est à dire l'arc de l'equateur qui monte sur l'horison, auec tout ledit signe ou autre arc de l'ecliptique : Il faudroit trouuer, comme dit est cy-dessus, l'ascention du commencement dudit signe ou autre arc, & aussi celle de la fin ; & soustrayant celle du commencement de celle de la fin, restera l'ascention demandée : mais faut notter que si la soustraction ne se pouuoit faire, il faudroit emprunter 360 degrez.

Exemple : Desirant sçauoir à la latitude de 49 degrez l'ascention oblique de l'arc de l'ecliptique compris entre le dixseptiesme degré Pisces, & le treiziesme Aries : ie trouue premierement pour l'ascention du dixseptiesme de Pisces 354 degrez ; & pour celle de 13 degrez Aries, ie trouue 6 degrez ; pour donc soustraire les 354 degrez des 6 degrez, i'emprunte 360 degrez, & sont 366, desquels i'oste les 354, & restent 12 degrez pour l'ascention oblique requise.

PROP. X.

Pour sçauoir quelle heure il est soit de iour ou de nuict.

SI on desire sçauoir l'heure de iour, le Soleil luisant sur l'horison ; soit pris la hauteur d'iceluy par le moyen de quelque in-

ſtrument à ce propre ; & le Globe eſtant diſpoſé ſelon l'eſleuation
du lieu où vous eſtes, mettez le lieu du Soleil à ce iour là ſouz le
Meridien , & l'indice du cercle horaire ſur 12 heures : puis apres
tournez le Globe vers Orient, ou vers Occident, ſelon qu'aura eſté
trouuée la latitude du Soleil , & ce iuſques à ce que ledit lieu du
Soleil ſoit autant eſleué ſur l'horiſon comme il a eſté trouué ; & le
Globe eſtant ainſi diſpoſé, l'indice des heures monſtrera l'heure
requiſe. Mais faut icy notter que pour conſtituër le Globe en ſorte
que le Soleil ou quelque eſtoile exprimée en iceluy ſoit eſleuée au
deſſus de l'horiſon d'autant de degrez qu'on voudra ; il faut prendre la quarte de hauteur, & la ioindre & attacher au milieu du Meridien, c'eſt à dire au zenith ; puis remuër tant icelle quarte que le
Globe, iuſques à ce que le lieu du Soleil, ou l'eſtoile propoſée, ſe
trouue ſouz ladite quarte de hauteur, à meſme degré que la latitude trouuée, & alors le Globe ſera diſpoſé ainſi qu'eſtoit le ciel lors
de l'obſeruation.

Or le Soleil eſtant à 12 degrez Aries, & trouué qu'il eſt eſleué au
deſſus de l'horiſon 15 degrez en la partie Orientale, en vn lieu où
l'eſleuation polaire eſt 49 degrez ; on demande l'heure de ceſte obſeruation. Ie ioi   premierement les 12 degrez Aries auec le Meridien, & poſe l'in   du cercle horaire ſur 12 heures : puis i'attache
la quarte de hauteur   à nith, & tourne le Globe vers Orient, iuſques à ce que les 12 degrez Aries ſoient eſleuez ſur l'horiſon par 15
degrez ; ce faict ie regarde au cercle horaire, & l'index me monſtre
qu'il eſt enuiron 7 heures, un quart.

Mais pour les heures d   nuict, il faut prendre la hauteur de
quelque eſtoile exprimée au Globe : puis ayant diſpoſé ledit Globe ſelon l'eſleuation polaire, & ioinct le lieu du Soleil au cercle Meridien, & l'index horaire ſur 12 heures ; ſoit tourné le Globe vers
Occident, iuſques à ce que l'eſtoile ſe trouue diſpoſée en telle hauteur ſur l'horiſon qu'elle a eſté trouuée, & lors l'index horaire monſtrera l'heure qu'il eſt.

Exemple : Le Soleil eſtant au douzieſme degré Aries, & deſirant la nuict ſçauoir quelle heure il eſt ; ie prends la hauteur de Cor
Leonis, qu'on preſuppoſe cognoiſtre & pouuoir eſtre veuë au ciel,
laquelle ie trouue eſtre de 56 degrez : puis ayant diſpoſé le Globe à l'eſleuation de 49 degrez, ie ioinct les 12 degrez Aries au cer-

cle Meridien, & pofe l'index horaire fur 12 heures : quoy faict, ie tourne le Globe vers Occident, iufques à ce que ladite eftoile Cor Leonis foit à 56 degrez d'efleuation fur l'horifon, & l'index horaire me monftre qu'il eft enuiron 9 heures du foir.

PROP. XI.

Pour fçauoir l'heure du leuer & coucher du Soleil, ou de quel-
que eftoile defcritte au Globe.

SI vous voulez fçauoir l'heure du leuer du Soleil à quelque iour propofé, fçachez premierement le lieu d'iceluy : puis le Globe eftant difpofé felon l'efleuation du pole du lieu où vous eftes ; ioignez au cercle Meridien le degré du Soleil, & puis mettez l'index horaire fur 12 heures ; quoy faict, tournez le Globe iufques à ce que ledit degré du Soleil foit à l'horifon en la partie Orientale, & alors l'index horaire vous monftrera l'heure du leuer du Soleil au iour propofé ; & fi vous tournez le Globe iufques à ce que le lieu du Soleil foit en l'horifon vers Occident, ledit index vous monftrera l'heure du coucher.

Exemple : Voulant fçauoir l'heure du leuer coucher du Soleil au douziefme Mars de cefte année 1612 à l'ation polaire de 49 degrez. Ie difpofe premierement le Globe felon cefte efleuation polaire : puis ie trouue que le lieu du Soleil au zodiaque cedit iour eft enuiron 22 degrez Pifces, que ie io de t au cercle Meridien, & pofe l'index fur 12 heures : puis tourn e Globe vers Orient, iufques à ce que ledit lieu du Soleil foit à l'horifon, l'index horaire me monftre enuiron 6 heures vn quart pour le leuer du Soleil : mais tranfportant ledit lieu du Soleil à l'horifon en la partie d'Occident, iceluy index me monftre enuiron 5 heures 3 quarts pour le coucher du Soleil audit iour propofé.

Mais voulant trouuer l'heure du leuer & coucher de l'eftoile Cor Leonis à cedit iour douziefme Mars. Ie pofe premierement le lieu du Soleil, c'eft affauoir 22 deg. Pifces fouz le Meridien, & l'index horaire fur 12 heures : puis ie tourne le Globe iufques à ce que le centre de ladite eftoile Cor Leonis foit à l'horifon vers Orient, & alors l'index me monftre peu plus de 3 heures apres midy pour le

E iij

leuer de ladite eſtoile ; & tournant le Globe iuſques à ce que ledit
centre de l'eſtoile ſoit à l'horiſon Occidental, alors l'index horaire
me monſtre peu moins de 5 heures du matin pour le coucher de ladite eſtoile Cor Leonis audit iour propoſé, & à la latitude de 49
degrez.

PROP. XII.

Pour ſçauoir la longueur du iour & de la nuict.

LEs Aſtronomes conſiderent deux ſortes de iours, les vns
eſtans naturels, & les autres artificiels : Le iour naturel, eſt cet
eſpace qui comprend le iour & la nuict enſemble, qui eſt de 24 heures ; mais le iour artificiel eſt l'eſpace de temps pendant lequel le
Soleil demeure au deſſus de l'horiſon ; & pour ſçauoir la longueur
d'iceluy, il faut trouuer, par la precedente propoſition, l'heure du
coucher du Soleil au iour & lieu donné : puis doubler icelle heure,
& ce double ſera la grandeur & quantité du iour artificiel, qui eſtât
ſouſtraitte de 24 ures, reſtera la quantité de la nuict.

Exemple : Deſirant ſçauoir la grandeur du iour artificiel le douzieſme Mars à latitude de 49 degrez, ie trouue par la precedente,
que le coucher du Soleil eſt à 5 heures trois quarts, que ie double,
& viennent 11 heures & demie pour la longueur & quantité du
iour propoſé à trouuer ; & ſouſtrayant icelles 11 heures & demie
de 24 heures, reſtent 12 heures & demie pour la longueur de la
nuict.

Et en ceſte maniere on ſçaura la longueur du plus grand iour de
l'année en quelque lieu propoſé, puis que iceluy nous aduient lors
que le Soleil eſt au commencement du ſigne de Cancer : & par conſequent on ſçaura en quel climat ſera ledit lieu propoſé ; car oſtant
12 heures de la longueur du plus grand iour, autant qu'il reſtera de
demies heures ſera le nõbre des climats ſelon les modernes Geographes. Ainſi deſirant ſçauoir en quel climat eſt la ville de Paris, ie
cherche la longueur du plus grand iour d'Eſté, & trouue que c'eſt
preſque 16 heures, dont ie ſouſtrais 12, & reſtent 4 heures, qui va-
lent 8 demie heures, c'eſt pourquoy ie dis que Paris eſt au huictieſ-
me climat.

PROP. XIII.

Pour ſçauoir l'arc diurne & nocturne de quelconque eſtoile deſcritte au Globe.

PAR l'arc diurne d'vne eſtoile nous entendons l'eſpace de temps durant lequel ladite eſtoile paſſe d'Orient par Midy en Occident ſoit de iour ou de nuict : & par l'arc nocturne, l'eſpace de temps durant lequel ladite eſtoile paſſe d'Occident par Midy en Orient, ſoit de iour ou de nuict; c'eſt à dire l'eſpace de temps que l'eſtoile demeure ſouz l'horiſon : tellement que cecy ne ſe peut entendre que des eſtoiles qui ſe leuent & couchent ſouz l'ho-riſon.

Quand donc vous voudrez ſçauoir l'arc diurne & nocturne d'y-ne eſtoile, le Globe eſtant diſpoſé ſelon l'eſleuation polaire, met-tez le centre de l'eſtoile propoſée à l'horiſon en la partie Oriental-le : puis mettez l'index horaire ſur 12 heures; en apres tournez le Globe iuſques à ce qu'icelle eſtoile paruienne à l'horiſon Occi-dental; & alors regardant combien l'index ho   e aura parcouru d'heures, on aura l'arc diurne de l'eſtoile, qui oſté de 24 heures, re-ſtera l'arc nocturne.

Exemple: Deſirant ſçauoir l'arc diurne & nocturne de l'eſtoile nommée Cor Leonis, ſelon la latitude de Paris : ie diſpoſe le Glo-be à ceſte latitude; puis ie mets l'eſtoile à l'horiſon Oriental, & l'index horaire ſur 12 heures: quoy faict, ie tourne le Globe iuſ-ques à ce que ladite eſtoile ſoit paruenuë à l'horiſon Occidental ; & regardant à l'index horaire, ie trouue qu'il a parcouru enuiron 14 heures vn quart: & partant ie dis qu'autāt de temps ladite eſtoi-le demeure au deſſus de noſtre horiſon; & ſouſtrayant icelles 14 heures vn quart de 24 heures, reſtent 9 heures trois quarts pour l'arc nocturne d'icelle eſtoile Cor Leonis à la latitude de Paris, qui eſt preſque 49 degrez.

PROP. XIV.

Pour sçauoir l'amplitude Orientale ou Occidentale du Soleil,
ou des estoiles.

L'AMPLITVDE Orientale ou Occidentale du Soleil ou d'vne
estoile est l'arc de l'horison compris entre le vray Orient ou
Occident, & le poinct auquel se leue ou couche le Soleil, ou quelque estoile.

Si donc vous desirez sçauoir l'amplitude Orientale du Soleil, ou
de quelque estoile descritte au Globe ; disposez premierement le
Globe selon l'esleuation polaire du lieu : puis mettez en l'horison
Oriental le lieu du Soleil au iour proposé, ou bien l'estoile, & vous
verrez en l'horison combien il y aura de degrez iusques au vray
Orient, c'est à dire iusques à l'Orient de l'equateur ; & par ainsi
vous aurez l'amplitude demandée, laquelle sera ditte Meridionale
si elle est trouuée entre le vray Orient & le Midy ; mais Septentrionale, si elle est trouuée entre le vray Orient & le Septentrion. Mais
si vous voulez sçauoir l'amplitude Occidentale, elle est tousiours
de mesme, & egale à l'Orientale ; parquoy sçachant l'Orientale, ou
bien l'Occidentale on sçaura aussi l'autre.

Exempl. Le Soleil estant à 12 degrez Aries, & voulant sçauoir l'amplitude Orientale ou Occidentale d'iceluy à l'esleuation
polaire de 49 degrez. Ie dispose premierement le Globe selon
l'esleuation de 49 degrez : puis ie mets les 12 degrez Aries à l'horison en la partie Orientale, & comptant les degrez dudit horison
compris entre ledit lieu du Soleil & le vray Orient, ie trouue enuiron 8 degrez pour l'amplitude Orientale du Soleil, laquelle est Septentrionale, d'autant qu'elle tire d'Orient vers Septentrion. Et
quant à l'amplitude Occidentale, elle est aussi de 8 degrez Septentrionale. Mais desirant sçauoir l'amplitude Orientale de l'estoile
nommée Spica Virginis, ie mets icelle estoile à l'horison en la partie Orientale, & trouue que son amplitude est Meridionale d'enuiron 14 degrez.

PROP.

PROP. XV

Pour ſçauoir le commencement, la fin, & la durée du crepuſcule,
tant du matin que du ſoir.

PAR le commencemcat du crepuſcule matutin eſt entendu
l'aube du iour, c'eſt à dire le premier moment que l'air commence à reſplandir & eſclairer pour l'aduenement des rayons du
Soleil en Orient, lors qu'il paruient enuiron à 18 degrez ſouz l'horiſon ; & par la fin dudit Crepuſcule matutin ſe doit entendre le
Soleil leuant ; & le temps qui eſt compris entre l'aube du iour & le
Soleil leuant eſt la durée dudit crepuſcule matutin : mais par le
commencement du crepuſcule veſpertin eſt entendu le Soleil couchant, & par la fin d'iceluy le commencement de la nuiĉt obſcure
ou iour failly, qui eſt lors que le Soleil vient à baiſſer plus de 18 degrez ſouz l'horiſon en la partie Occidentale, & tout le temps d'entre le Soleil couchant & iour failly, eſt la durée d'iceluy crepuſcule
veſpertin.

Quand donc vous voulez ſçauoir le commencement du crepuſcule matutin, & la fin du Veſpertin à quelque ſ... propoſé ; ſça-
chez le lieu du Soleil au zodiaque à codit iour, & ſ... ; puis le
Globe eſtant diſpoſé ſelon l'eſleuatió polaire du lieu, ... ſouz
le cercle Meridiẽ le degré du Soleil, & le ſtile horaire ſur ... ;
puis tournez le Globe vers Orient, iuſques à ce que le degré du Nadir du Soleil ſoit eſleué par deſſus l'horiſon Occidental de 18 deg.
alors l'index horaire monſtrera l'heure du commencement de
l'aurore matutin, la fin duquel ſera le Soleil leuant : Mais tournant
le Globe en ſorte que ledit Nadir du Soleil ſoit 18 degrez par deſſus l'horiſon Oriental, on aura la fin du crepuſcule veſpertin, dont
le commencement ſera le Soleil couchant ; & quant à la durée d'i-
ceux, on la ſçaura facilement ... la ſouſtraĉtion du commencement de la fin.

Exemple : Deſirant ſçauoir au douzieſme Mars de ceſte année
1612 le commencement, la fin, & la durée du crepuſcule, tant matutin que veſpertin à l'eſleuation de 49 degrez : Ie trouue premierement que le lieu du Soleil eſt 22 degrez Piſces ; & par conſequent

F

ſon Nadir 22 degrez Virgo: & ayant diſpoſé le Globe ſelon 49 degrez d'eſleuation polaire, ie mets 22 degrez Piſces ſouz le Meridien, & le ſtile horaire ſur 12 heures; puis ie tourne le Globe iuſques à ce que le 22 degré Virgo ſoit eſleué de 18 degrez par deſſus l'horiſon Occidental; & alors le ſtile horaire monſtre enuiron 4 heures & demie pour le commencement du crepuſcule matutin; & par la 11 propoſition, ie trouue que le Soleil ſe leue preſque à 6 heures vn quart, qui eſt la fin d'iceluy crepuſcule; & partant ſouſtrayant le commencement de la fin, reſte vne heure trois quarts pour la durée d'iceluy crepuſcule matutin: Et quant au veſpertin, tournant le Globe iuſques à ce que leſdits 22 degrez Virgo ſoient eſleuez ſur l'horiſon Oriental, alors l'index horaire monſtre enuiron 7 heures & demie pour la fin dudit crepuſcule veſpertin, dont le commencement eſt à 5 heures trois quarts, qui eſt l'heure du Soleil couchant; & partant ſa durée eſt vne heure trois quarts.

PROP. XVI.

Pour cognoiſtre au ciel quelqu'vne des eſtoiles contenuës en la ſuperficie du Globe.

IL faut notter que l'eſtoile qu'on deſire cognoiſtre au ciel doit eſtre de celles qui peuuent eſtre veuës la nuict: Pour donc ſçauoir qui ſe ſera ceſte eſtoile que vous verrez, il vous faut prendre la hauteur d'icelle par le moyen de quelque inſtrument à ce propice, & ce à quelque heure certaine & aſſeurée, retenant bien la partie du monde en laquelle ſera ladite eſtoile: puis vous ſçaurez le degré du Soleil au zodiaque à cedit iour, lequel vous mettrez au deſſouz du cercle Meridien, le Globe eſtant au prealable diſpoſé ſelon l'eſleuation polaire du lieu où vous eſtes; & l'index eſtant mis ſur 12 heures, vous tournerez le Globe iuſques à ce que l'index horaire ſoit ſur l'heure que vous aurez obſerué la hauteur de l'eſtoile; & le Globe eſtant ainſi diſpoſé, l'eſtoile que vous trouuerez en telle hauteur ſur l'horiſon, & partie du monde que celle par vous obſeruée, ſera celle-là dont vous deſirez auoir la cognoiſſance: & afin de la recognoiſtre puis apres au ciel, vous remarquerez quelles autres eſtoiles ſont proches d'icelle, & quelle figure elles font entr'elles.

Exemple: Le douzieſme Mars de ceſte année 1612 eſtant à Paris,
& voyāt au ciel à 8 heures du ſoir vne belle groſſe eſtoile entre l'O-
rient & le Midy, ie deſire ſçauoir quelle elle eſt: C'eſt pourquoy ie
prend ſa hauteur, que ie trouue eſtre d'enuiron 43 degrez: puis le
Globe eſtant diſpoſé à l'eſleuation de Paris, & ayant mis le lieu du
Soleil audit iour, c'eſt aſſauoir le 22 Piſces ſouz le Meridien, & le
ſtile horaire ſur 12 heures, ie tourne le Globe iuſques à ce que ledit
ſtile ſoit ſur 8 heures du ſoir; puis le Globe demeurant ainſi diſpoſé,
ſé, ie regarde en la partie Orientale tirant ve Midy, quelle eſtoile
ſera à 43 degrez d'altitude, & trouue que c'eſt Cor Leonis: & partant ie dis que l'eſtoile que i'ay veuë au ciel, & dont i'ay pris la hauteur, eſt icelle Cor Leonis.

PROP. XVII.

Pour cognoiſtre au ciel, par le moyen d'vne eſtoile ia cogneuë,
les autres eſtoiles marquées en la ſuperficie du Globe.

IL faut que cecy ſe faſſe lors que l'eſtoile cogneuë eſt la nuiſt
deſſus l'horiſon: Quand donc vous deſite cognoiſtre au ciel
quelque eſtoile marquée au Globe, laquelle peut eſtre veuë quant
& quant celle que vous cognoiſſez deſia; prenez la hauteur d'icelle eſtoile cogneuë: puis ayant diſpoſé le Globe ſelon euation
polaire du lieu où vous eſtes, mettez le Globe en ſorte iceluy
ſoit conſtitué ſelon la diſpoſition du ciel; c'eſt à dire que l'eſtoile
dont vous auez pris la hauteur, & qui vous eſt cogneuë, ſoit en telle
partie du monde & hauteur que vous l'aurez trouuée; & le Globe
demeurant ainſi, choiſiſſez en iceluy l'eſtoile que vous deſirez cognoiſtre au ciel, & ſur icelle appliquez la quarte de hauteur, afin
de voir à quelle hauteur eſt icelle eſtoile, & regardez auſſi en quelle partie du monde elle eſt ; & regardant en telle partie du
ciel, obſeruez quelle eſtoile a meſme hauteur que celle obſeruée deſſus le Globe, & icelle ſera la meſme eſtoile qu'aurez veuë
au Globe, & laquelle vous deſirez cognoiſtre au ciel; laquelle vous
pourrez puis apres recognoiſtre, en remarquant quelle forme &
figure font les autres eſtoiles qui ſont pres d'elle.

Exemple: Le douzieſme Mars 1612 eſtant à Paris, & voyant ſur
le Globe vne eſtoile nommée Spica Virginis, & laquelle ie reco-

gnois pouuoir eſtre veuë le ſoir, comme auſſi Cor Leonis, que ie
cognois deſia au ciel. La nuiꞔt eſtant venuë, ie prend la hauteur de
Cor Leonis, que ie trouue eſtre de 54 degrez vers Orient ; & diſpoſe le Globe, en ſorte qu'icelle eſtoile ſoit en telle hauteur ſur l'horiſon, c'eſt aſſauoir à 54 degrez, le pole eſtant au prealable eſleué
de 49 degrez : puis ie mets la quarte de hauteur ſur ladite eſtoile
Spica Virginis, & trouue qu'icelle eſt eſleuée ſur l'horiſon d'enuiron 16 degrez en tirant d'Orient vers Midy : regardant donc en telle partie du ciel auec vn inſtrument à ce propre, & l'alidade eſtant
eſleuée de 16 degrez ſur l'horiſon, ie voy par les pinulles vne belle
groſſe eſtoile, laquelle ie dis eſtre Spica Virginis, & fais tout de
meſme pour cognoiſtre les autres.

EXTRAICT DV PRIVILEGE DV ROY.

PAR grace & priuilege du Roy, Il eſt permis à D. HENRION, Pro-
feſſeur és Mathemat. de faire r'imprimer toutes ſes œuures, ſoit conioin-
ꞔtement ou ſeparément, & de nouueau vn liure intitulé, Collection ou
recueil de diuers traiꞔtez Mathematiques, & ce iuſques au terme de
dix ans, à compter du jour que chacun de ſeſdits liures ſera acheué d'imprimer en vertu des preſentes ; pendant lequel temps, defences ſont faiꞔtes à
tous Imprimeurs, Libraires, & autres perſonnes, de quelque eſtat, qualité,
ou condition qu'ils ſoient, d'imprimer, alterer, ny extraire aucune choſe des
œuures dudit HENRION, d'achepter, eſchanger, vendre ny diſtribuer aucuns de ſeſdits liures, ſinon de ceux qu'il aura faiꞔt imprimer, ſur peine de
ſix milles liures d'amande, & confiſcation des exemplaires qui ſe trouueront
d'autres impreſſions que de celles qu'aura faiꞔt faire ledit HENRION.
Voire meſme ſi aucun Imprimeur ou Libraire eſt trouué ſaiſi d'aucun exem-
plaire, d'autre impreſſion que de celle dudit HENRION, ou faiꞔte de ſon
conſentement, ſera procedé contre luy extraordinairement, & condamné
en pareille amande que s'il l'auoit imprimé ou faiꞔt imprimer. Voulant en
outre ſa Majeſté, qu'en appoſant au commencement ou à la fin deſdits liures
vn extraiꞔt des preſentes, elles ſoient teniies pour bien notifiées & ſigni-
fiées, nonobſtant quelconque lettre au contraire. Car tel eſt le plaiſir de ſa
Majeſté. Donné à Paris, le vnzieſme iour de Mars, l'an de grace 1621, &
de noſtre regne le vnzieſme.

Par le Roy en ſon Conſeil,

RENOVARD.

www.ingramcontent.com/pod-product-compliance
Lightning Source LLC
Chambersburg PA
CBHW071408200326
41520CB00014B/3344